江苏省自然科学基金（BK20171197）
江苏省"333"人才工程（BRA2016112）
常州市国际合作计划项目（CZ20180015）
江苏省品牌专业二期建设项目（苏教高函〔2020〕9号）
资助出版

Research on Quality Optimization Technology for Fabrication of Femtosecond Laser Micro Devices

飞秒激光微器件制备质量优化技术研究

潘雪涛 著

 江苏大学出版社
JIANGSU UNIVERSITY PRESS
镇江

图书在版编目(CIP)数据

飞秒激光微器件制备质量优化技术研究/潘雪涛著
.—镇江:江苏大学出版社,2020.7
ISBN 978-7-5684-1302-2

Ⅰ.①飞… Ⅱ.①潘… Ⅲ.①飞秒激光－激光加工－
质量控制－研究 Ⅳ.①TG665

中国版本图书馆 CIP 数据核字(2020)第 205155 号

飞秒激光微器件制备质量优化技术研究
FeiMiao JiGuang WeiQiJian ZhiBei ZhiLiang YouHua JiShu Yanjiu

著　　者/潘雪涛
责任编辑/李经晶
出版发行/江苏大学出版社
地　　址/江苏省镇江市梦溪园巷 30 号(邮编:212003)
电　　话/0511-84446464(传真)
网　　址/http://press.ujs.edu.cn
排　　版/镇江文苑制版印刷有限责任公司
印　　刷/广东虎彩云印刷有限公司
开　　本/787 mm×1 092 mm　1/32
印　　张/5.375
字　　数/200 千字
版　　次/2020 年 7 月第 1 版　2020 年 7 月第 1 次印刷
书　　号/ISBN 978-7-5684-1302-2
定　　价/40.00 元

如有印装质量问题请与本社营销部联系(电话:0511-84440882)

前　言

　　飞秒激光是一种超短脉冲激光,可以在单脉冲能量很低的条件下获得 GW 量级甚至 TW 量级的瞬时功率,这使得飞秒激光与物质作用时表现出显著的非线性现象。近年来,运用双光子诱发光敏材料发生光聚合反应实现三维微加工已经成为微纳加工领域的研究热点,并逐渐发展成为一种集超快激光技术、光化学材料技术、显微技术、超高精度定位技术、CAD/CAM 技术于一体的新型微纳米加工技术。飞秒激光双光子微加工一般采用直写方式,按照预定轨迹在聚合物材料内部逐点扫描。对于给定的加工系统和被加工材料,空气和被加工材料折射率不同产生的像差、加工点光斑的椭球形分布、扫描步距的大小等因素是影响加工精度和表面质量的重要因素。

　　本书以飞秒脉冲激光双光子微器件制备为研究对象,对飞秒激光微加工机理、微加工实验系统等内容进行了详细的介绍,并就通过像差补偿、光斑三维整形、优化扫描步距等措施提高飞秒激光微加工质量进行了理论与实验方面的阐述。

　　全书共分为七章。第一章为绪论,介绍了研究目的与意义,以及飞秒激光微加工领域国内外研究的现状。第二章为飞秒激光双光子微加工机理,介绍了飞秒激光与物质相互作用的过程及其优势、双光子非线性吸收机理及微加工原理和特点。第三章为飞秒激光微加工系统及器件制备,介绍了飞秒激光双光子微加工系统的基本组成、系统结构、加工方式等内容,还详细介绍了对飞秒激光微加工实验系统的曝光控制系统进行机械和电气改造的方案。第四章为空气和被加工材料折射率不同对微加工的影响及其补偿方法，分析了由于两者折射率不同对加工点光斑的光强分布产生的影响，并进行了数值模拟；根据飞秒激光束通过被加工材料内部的聚焦路径，推导出了由于折射率不同产生的像差的表达式，并分析了加工深度、被加工材料折射率、物镜数值孔径与像差之间的关系；在此基础上，建立了基于反向泽尔尼克多项式的像差补偿模型，提出了使用开普勒望远镜系统实现像差补偿的方法，并以双光子飞秒脉冲激光在光致变色材料上进行点加工为例，进行了数值模拟和实验验证。第五章为飞秒激光微加工焦点光斑的三维整形，基于菲涅尔衍射理论，结合飞秒激光微加工焦点光斑的归一化光强分布函数，研究了光斑三维整形的机理，得到了基于光通滤波器的光斑三维整形效果的表征参数；运用全局优化算法和遗传算法对整形元件(相位板)的关键参数进行了优化设计，并以脉冲激光在光致变色材料上逐层扫描，单光子共焦读取每层变色点荧光信号的方式进行了验证实验；介绍了通过增加柱透镜组、引入狭缝光阑、增加预聚焦透镜等三种改善加工点光斑非对称性形状的光束整形技术。第六章为扫描步距对微加工质量的影响及优化方法，根据双光子聚合反应机理，结合光强分布函数和自由基浓度理论，建立了固化单元覆盖率的数学模型，分析了覆盖率大小对微器件表面质量和加工效率所造成的影响；运用曝光等效性原理，得到了微器件表面质量特征参数与扫描步距(覆盖率)之间的表达式，并进行了数值模拟和实验；针对具有不同斜率的立体器件加工，提出了连续可变间距的三维扫描方法，推导出了不同斜率处扫描步距的计算表达式，以球形结构的加工为例进行了对比实验。第七章为结论与展望，全面总结了全书的研究工作，并对下一步的深入研究提出了建议。本书适合从事飞秒激光微加工研究的工程技术人员和科研人员使用和参考。

　　本书中介绍的所有工作都是在上海大学屠大维教授的精心指导下完成的,在此表示衷心的感谢!特别要感谢常州工学院蔡建文博士,本书涉及的相关实验都是他帮忙联系在中国科学技术大学微纳米工程实验室完成的。实验过程中得到了该实验室课题组的指导和帮助,在此表示由衷的谢意!本书参考和引用了很多专家学者的研究成果,已经在参考文献中列出,在此一并表示感谢!

　　由于作者水平有限,书中难免有不足之处,敬请同行、专家和读者批评指正,不胜感谢!

目　录

第一章

绪　论

1.1　微器件制备质量优化的目的和意义

飞秒激光是一种超短脉冲激光,可以在单脉冲能量很低的条件下获得 GW 量级甚至 TW 量级的瞬时功率。在如此高的功率密度下,激光与物质作用时显现出显著的非线性现象,这使得飞秒激光微细加工技术在某些领域具有显著的优势。利用飞秒激光双光子非线性吸收效应实现微器件制备,其工作原理是飞秒脉冲激光经透镜聚焦到聚合物材料内部指定位置,在焦点附近的较小区域诱发双光子吸收效应,改变材料的化学物理特性形成固化,通过三维扫描平台和曝光系统控制激光束,按照预定的加工轨迹在被加工材料内部相对运动并进行曝光,就可以使固化单元逐渐由点到线然后到面,最终得到所需要的形状,实现三维微细实体的制备。

微器件制备过程中,影响加工质量的主要因素有以下三个方面:在加工系统方面,主要包括激光波长、脉宽、重复频率,物镜数值孔径,扫描平台的运动范围等;在加工工艺参数方面,主要包括激发光强、曝光时间、扫描精度(步距)等;在加工材料性能方面,主要包括吸收光谱、吸收截面、黏度、折射率等。对于给定的加工系统和被加工材料,空气和被加工材料折射率不同产生的像差、聚焦物镜的衍射效应、扫描步距(覆盖率)的大小等因素均会对加工精度和表面质量造成一定的影响。首先,在对材料内部某一层进行逐点扫描加工时,飞秒激光在传播过程中经过两层不同的介质(空气和被加工材料),两者折射率不同,会产生像差,导致加工点光斑的激发光强和尺寸均产生变化,这种变化会影响微加工的精度。其次,由于受聚焦物镜衍射效应和激光束腰的影响,加工点光斑光强呈椭球状分布,在 X-Y 平面(横向)为圆形,在 Y-Z 平面(轴向)为椭圆形。这将导致沿轴向不同加工层之间的层间距增加,横向同一加工层内的加工点分布密度减小,降低加工分辨率,影响加工精度和表面质量。再次,基于双光子吸收效应加工得到的三维微器件,实际上是由数量巨大的固化单元相互覆盖叠加而成的,而固化单元之间的覆盖率是由扫描步距决定的,故扫描步距的大小对微器件的表面质量和加工效率有重要的影响。

因此,在像差补偿、光斑三维整形技术及扫描步距的优化方法等方面进行理论和实验研究,对改善微器件制备的精度,进而促进飞秒激光微加工技术的产业化具有重要的现实意义。

1.2　国内外研究概况

1.2.1　微加工技术概述

微加工技术[1-3](microfabrication technology)起源于半导体制造工艺,通常指微米尺度范围内的加工方法。一般来说,它是微米级、亚微米级乃至纳米级微细加工的通称。目前,常用的微加工方法主要有[1-3]:

(1)光刻技术

光刻技术通常为单光子平面曝光。加工时首先在基质材料上涂覆光致刻蚀剂(光刻胶),然后利用分辨率极高的光束通过掩膜对光致刻蚀层进行扫描、曝光及显影,最终在光刻胶上制备出和掩膜图形相同的微细结构。而要想获得三维结构,就需要将其分割成许多层的二维结构,控制光束按照二维图形进行扫描,然后再用相同方法制备第二层结构,最终得到需要制作的微细三维实体。

(2) 刻蚀技术

刻蚀通常分为等向刻蚀和异向刻蚀。等向刻蚀是在任何方向上刻蚀速度均等的加工方法,它可以加工具有任意横向几何形状的微型结构,高度一般仅为几微米。为了满足具有较大空间尺寸的微器件制作要求,可采用异向刻蚀技术。该方法在某一特定的方向上刻蚀速度最大,而在其他方向上几乎不发生刻蚀反应。常见的导向刻蚀方法包括化学异向刻蚀(湿法刻蚀)、离子束刻蚀(又可分为聚焦离子束刻蚀和反应离子束刻蚀)、激光束刻蚀和电子束刻蚀。

(3) LIGA 技术

LIGA 是由德文 lithographie(制版术)、galvanoformung(电铸成型)和 abformung(注塑)这三个词生成的缩写词,是一种快速制造技术。LIGA 技术所加工的几何结构不受材料特性和结晶方向的限制,可以在各种金属材料或者塑料上进行微器件制备。LIGA 技术不仅能够达到 1 微米以下的分辨率,还可以进行具有大深宽比的 MEMS 器件的制作。LIGA 技术主要包括以下三个工艺过程:深层同步辐射 X 射线光刻、微电铸成型和注塑。此外,在此基础上人们又发展起来一种利用常规紫外光光刻的准 LIGA 工艺。

(4) 快速成型技术

快速成型技术是基于材料累加成型原理,结合材料的物理化学特性和先进的工艺特性而进行三维加工的一种方法。它是一种将计算机辅助设计（CAD）、计算机辅助制造（CAM）、计算机数字控制（CNC）、精密伺服驱动、激光和材料科学等先进技术集于一体的新技术。根据成型方法和加工材料的不同又可以将其分为立体光固化技术（SLA）、层叠实体制造技术（LOM）、选择性激光烧结（SLS）技术和熔积成型技术（FDM）等。立体光固化技术是一种常见的快速成型技术，它利用光固化高分子材料制作微零件，精度高且具有良好的表面光洁度。层叠实体制造技术是由 Helisys 公司研发，使用激光对层状黏合纸张、塑料或者金属复合物进行切割成型的技术。选择性激光烧结采用高能量的激光（如二氧化碳激光器）经聚焦后熔化微小颗粒塑料、金属和陶瓷等，并且通过多层扫描形成预定的三维结构。熔积成型是指对注塑材料加热、熔融，挤压射出并按预定形状逐层堆积而获得所需零件的加工方法。该技术由美国 Scott Crump 公司在 20 世纪 80 年代末研究开发，并随后商品化。

（5）薄膜制备技术

薄膜制备技术主要是物理气相沉积（PVD）和化学气相沉积（CVD），具体包括热化学气相沉积、离子辅助沉积、等离子喷涂、离子镀，以及激光物理气相沉积和激光化学气相沉积。

（6）分离层技术

分离层技术也叫牺牲层技术。分离层技术是在硅基板上用化学气相沉积方法形成所需要的微型部件，部件周围的空隙添入分离层材料（SiO_2），最后通过熔解或刻蚀去除分离层，使微型部件与基板分离。

（7）分子装配技术

利用扫描隧道显微镜（STM）和原子力显微镜（AFM）探针

的尖端可以俘获分子或原子,并按照需要将其拼成一定的结构,进行分子装配制作微机械。美国 IBM 公司于 1991 年操纵氙原子,成功地在镍板上排出"IBM"字样和美国地图。

(8) 微细切削加工技术

微细切(研、磨)削加工技术在微型机械制造中的应用研究主要集中在日本。它是基于传统材料去除加工方法的微细加工技术(如微切削加工、微磨削加工、微研磨加工等)。目前,其关键技术是解决加工中切削力较大、刀具磨损、工件的毛刺和微量切削进给等问题。

在众多的微细加工技术中,以光刻技术为主要加工方式的激光微纳米加工技术可以克服其他加工技术的一些不足,如传统的机械加工是接触式加工,X 射线、电子束、离子束加工需要昂贵的真空设备,粒子束加工无法加工致密材料等[4]。因此,近几十年来,激光微纳米加工在工业制造领域的应用越来越广泛。光刻技术与平面工艺、探针工艺、模型工艺等的结合可以实现二维或者准三维结构微器件的制备[5]。多光束干涉技术在制备较大面积的周期性二维及三维结构微器件中也有较多的应用[5-8]。但是上述两种微加工技术都无法实现纳米尺度任意复杂三维结构微器件的制备。随着飞秒激光双光子吸收现象和具有较大双光子吸收截面的有机分子材料的发现,二十多年来,运用双光子诱发光敏材料发生光聚合反应实现三维微加工已经成为微纳加工领域的研究热点,并逐渐发展成为一种集超快激光技术、光化学材料技术、显微技术、超高精度定位技术、CAD/CAM 技术于一体的新型微纳米加工技术[5]。

1.2.2 飞秒激光技术的发展

自 1960 年第一台红宝石激光器[9]问世以来,激光技术的发展一直沿着更短、更强的方向不断向前推进。各国研究人员同时对激光与材料相互作用的机理及其应用展开了深入研究[10]。经过近六十年的发展,激光应用已经遍及光学、材料科学、工业加工、天文、地理、海洋等领域[11]。1962 年,美国休斯实验室的 F.J.Mcclung 和 R.W.Hellwarth 小组[12]在红宝石激光器的谐振腔中增加了一个克尔盒光开关,改变光开关的偏置电压,实现谐振腔内部增益的变化,以此获得了脉冲宽度为 120 ns(10^{-9} s)的激光脉冲,该技术后来被称为激光调 Q 技术。而锁模技术的发明实现了激光脉冲宽度向 ps(10^{-12} s)以及 fs(10^{-15} s)量级的迈进。1964 年,K.Gurs 小组[13]在红宝石激光器中实现了宽度为 ps 量级的脉冲激光输出。1965 年,Mocher Hans W 和 R.J.Collins 等[11]通过 Q 开关周期性地调节红宝石激光器谐振腔内部的损耗,首次实现了振幅调制主动锁模。1972 年,美国贝尔实验室的 E.P.Ippen 小组[14]将装有碘化二乙基氧杂二羰花青甲醇溶液的染料盒插入到罗丹明 6G 染料激光器谐振腔内,实现了脉冲宽度达到 1.5 ps 的超短激光输出。1974 年,该课题组进一步改进实验方案,采用了一种新的激光器增益介质,使激光脉冲宽度减小到 700 fs。1981 年,同样在美国贝尔实验室,R.L.Fork等[14]通过在环形谐振腔中产生碰撞锁模的方式,从染料激光器中得到了稳定的脉宽为 90 fs 的超短激光脉冲。由于超短脉冲具有较宽的频谱,在传输过程中会出现群速色散(GVD)现象,导致其发生明显的展宽,研究人员发明了多种补偿技术以消除群速色散带来的影响。1985 年贝尔实验室的 J.A.Valdmanis 等[15]在激光谐振腔内加入四棱镜结构,通过补偿腔内的群速色散实现了 27 fs 的激光脉冲输出。研究人员除了在压缩激光脉宽上不断取得进展外,对于提高激光强度领域的研究也一直没有停止。1985 年,美国密歇根大学的 D.Strickland 和 G.Mourou 小组[16]首次提出了啁啾脉冲放大理论,得到了脉冲宽度 1.5 ps、单脉冲能量 2 mJ 的激光脉冲,其峰值功率达到了 GW(10^9 W)量级。

染料激光器增益介质的增益带宽较窄,具有明显的饱和吸收特性,并且需要配置染料循环系统,这些因素使得它仅限于实验室的研究,不能广泛应用于生产领域。20 世纪 80 年代末,以掺钛蓝宝石(Ti:Sapphire)为增益介质的固体飞秒激光器的发明开创了飞秒激光科学全新的时代。1991 年,D.E.Spence 小组[17]采用掺钛蓝宝石作为增益介质,在谐振腔内加入一对色散补偿棱镜,并利用光栅对与色散补偿光纤相结合的脉冲压缩技术进行谐振腔外的补偿,最终获得了 45 fs 的超短脉冲输出。1996 年,A.Kasoer 等用腔镜色散控制技术(MDC)在单向环型谐振腔中实现了短至 10 fs 的激光脉冲输出。1997 年,I.D.Jung 等[18]采用宽带半导体可饱和吸收镜与啁啾镜及棱镜相结合的方法对色散进行控制,获得了 6.5 fs 的超短脉冲。1998 年,E.P.Ippen 等[19]发明了克尔透镜锁模技术,他们使用色散补偿棱镜对与双啁啾镜相结合的方法在很宽的谱带范围内实现高反射、低色散,得到了脉宽小于 5.4 fs 的脉冲激光输出,其对应的谱宽接近 400 nm。飞秒激光技术发展到这个阶段,基于锁模及脉冲压缩的超短脉冲产生方法已经相当成熟。而在峰值功率方面,1991 年,J.D.Kmetec 等[20]使用具有正色散的光栅对将 85 fs 的光脉冲展宽到 180 ps,经过两级钛宝石激光放大系统后再利用负色散光栅对放大后的脉冲进行压缩,实现了脉宽 125 fs、峰值功率 500 GW 的脉冲输出。同年,A.Sullivan 等[20]又使用四级钛宝石激光放大系统获得了脉宽 95 fs、峰值功率 3 TW 的激光输出。1998 年,日本的 K.Yamakawa 小组[21]运用三级放大器得到了脉宽 19 fs、峰值功率 10 TW 的激光脉冲输出。

进入到 21 世纪,亚飞秒和阿秒(10^{-18} s)技术的研究逐步从理论探讨阶段迈入实验验证阶段,利用高次谐波和受激拉曼散射的阿秒脉冲产生方法也已经有相关报道[22,23]。而飞秒激光峰值功率还在不断提高,已经达到甚至超过 PW(10^{15} W)量级。2003 年,日本原子能研究所采用大口径掺钛蓝宝石晶体获得了850 TW/33 fs 的激光脉冲输出[24]。2010 年,韩国先进光电子学研究所的超短量子束装置已经能够实现 1.1 PW/30 fs 的激光脉冲输出[25],欧盟目前正在建造的世界上峰值功率最高的激光装置的设计目标最终将达到 0.2 EW(10^{18} W)的脉冲输出。我国飞秒激光技术的研究也一直紧跟世界先进水平。1996 年,中国科学院上海光学精密机械研究所利用自己生产的大口径钛宝石晶体搭建了飞秒激光系统,实现了 2.8 TW/47 fs 的激光脉冲输出。2004 年,上海光机所实现了 120 TW/36 fs 的激光脉冲输出。2005 年,中国工程物理研究院建成 300 TW/26 fs 的钛宝石激光装置。2006 年,中科院物理所的极光三号通过验收,其峰值功率达到 350 TW。同年,上海光机所实现了 890 TW/22 fs 的激光脉冲输出。

1.2.3　飞秒激光微加工特点及应用

(1)飞秒激光微加工的特点

相比长脉冲或连续波激光,飞秒脉冲激光具有超短、超强和高聚焦能力的特点。飞秒激光脉宽可短至几十甚至几飞秒以内,峰值功率高达拍瓦量级,聚焦功率密度达到 $10^{20} \sim 10^{22}$ W/cm^2。飞秒激光可以将绝大部分的输出能量快速、准确地集中在限定的作用区域,实现对金属、玻璃、陶瓷、半导体、塑料、聚合物、树脂等材料的微纳加工,具有其他激光加工无法比拟的优势。

① 热影响区小,加工精度高。

飞秒脉冲激光的脉冲宽度极小,在与物质相互作用时,作用区域温度急剧升高产生汽化并带走绝大部分热量,这样加工区域的能量来不及扩散,对非作用区域的影响很小。而长脉冲激光或者连续波激光加工时,脉冲作用时间较长,激光能量会扩散到非作用区域,导致加工区域边界不清晰,产生较大的重铸层,降低了加工精度。图 1.1 为 Chichkov 等[26]分别使用飞秒、皮秒和纳秒激光在 $100~\mu m$ 的钢片上打孔的 SEM 照片,可以很明显地看到飞秒激光加工的孔形状规则、边缘光滑且几乎没有材料熔化再凝固的痕迹。显然,使用飞秒激光加工的孔的质量明显优于皮秒加工和纳秒加工。

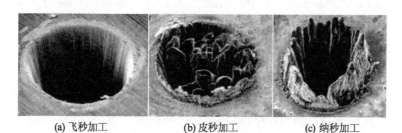

(a) 飞秒加工　　　　(b) 皮秒加工　　　　(c) 纳秒加工

图 1.1　$100~\mu m$ 钢片上打孔的 SEM 照片

② 加工范围广,有确定的加工阈值。

飞秒激光局部能量密度非常高,与物质相互作用时都反映出显著多光子非线性吸收特征,其激发阈值取决于激光强度。此外,多光子吸收与材料的原子特性相关,与自由电子浓度没有太大关系。因此当脉冲时间足够短、峰值足够高时,飞秒激光既能够加工透明材料,也能够加工高熔点材料。图 1.2、图 1.3[27]分别为脉宽 150 fs、能量 54 μJ 的飞秒激光在超硬材料碳化钨及金刚石上打孔的效果图。

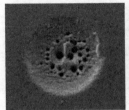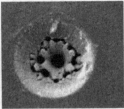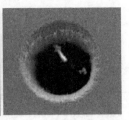

(a) 作用脉冲数100　　　　(b) 作用脉冲数250　　　　(c) 作用脉冲数1000

图 1.2　飞秒激光加工碳化钨效果图

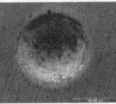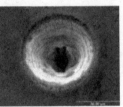

(a) 作用脉冲数100　　　　(b) 作用脉冲数250　　　　(c) 作用脉冲数1000

图 1.3　飞秒激光加工金刚石效果图

③ 加工分辨率高,能够突破衍射极限。

微加工过程中,如果使飞秒激光光强中心峰值稍高于被加工介质的烧蚀阈值,就可以将加工区域控制在很小范围内,而这个区域的大小有可能会小于加工点光斑直径,从而实现突破衍射极限的超分辨率加工。

④ 可以实现任意复杂结构的"真"三维加工。

由于透明材料对激光的共振吸收很弱,飞秒激光可以穿透材料,在材料内部的指定位置发生烧蚀反应,因而飞秒激光可以对透明材料内部进行任意形状的"真"三维加工。图 1.4 为 Ovsianikov 等[28]使用双光子聚合技术制作出的微型带中空管道的显微操作针,图 1.5 为 Ostendorf 等[28]制作的纳米风车结构。

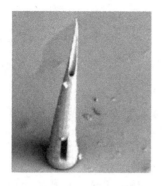

图 1.4 带中空管道的显微操作针　　　图 1.5 纳米风车

⑤ 加工能量消耗相对较低。

飞秒激光超短的激发时间使其能量高度集中,相比长脉冲激光或者连续波激光,它可以用更小的能量来达到相同的峰值能量强度。例如,持续时间为 10 fs 激光脉冲,0.3 mJ 的能量能够在直径为 2 μm 的聚焦光斑内达到 10^{18} W/cm² 的峰值强度,而持续时间为 10 ns 的长脉冲激光,达到相同的峰值强度则要 300 J 的能量。

(2)飞秒激光微加工的应用

飞秒激光与金属、半导体、透明绝缘体等材料作用的机理不尽相同[10],与金属作用主要产生烧蚀现象[28],而与透明介质作用主要产生以下几类现象[29-32]:超过阈值的激光烧蚀造成介质表面物理损伤、微爆炸或冲击波在介质体内形成微孔结构、色心缺陷造成暗化或者着色现象、材料的致密化或其他原因导致的局部折射率修饰、单束飞秒激光作用引起的自组装周期结构、在某类聚合物中诱发双/多光子聚合反应、局部晶化及金刚石表面炭化等。当然,飞秒激光诱导出的微结构是各种效应综合作用的结果,用单一的机制很难解释清楚,还有待于进一步深入研究。下面对飞秒激光的应用进行简要介绍。

① 飞秒激光金属微加工。

飞秒激光能够对金属薄膜和块状金属两种形态进行微细加工。美国和德国在飞秒激光金属微纳加工领域处于领先地位。早在 1995 年,美国密歇根大学的 G.Mourou 等[33]就利用飞秒激光束聚焦后形成尺寸为 3 μm 的光斑在金属薄膜上打出直径 300 nm、深 52 nm 的微孔。IBM 研究中心的 R.Haight 等[33]研究了飞秒激光对透明基底上金属薄膜的烧蚀和沉积,并将其应用于掩模版的修复,如图 1.6 所示。这一工艺被正式用于位于伯灵顿的 IBM 制作工厂的掩模版生产中。

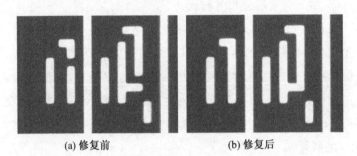

(a) 修复前　　　　　　　(b) 修复后

图 1.6　飞秒激光修复铬掩模版的光学显微镜照片

M.L.Griffith 等[34]研究了飞秒激光切割不锈钢的加工过程,并加工出厚度为 100 μm 的高精度微齿轮结构,如图 1.7 所示。

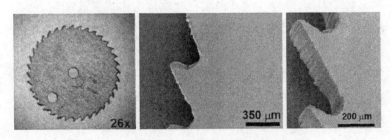

图 1.7　飞秒激光切割不锈钢加工出的微齿轮

1996 年，德国的 Chichkov[26] 利用不同脉冲宽度的激光束对薄钢片进行烧蚀的打孔实验，如图 1.1 所示。2003 年，德国的 G. Kamlage 课题组[35] 深入研究了重复频率、空气和真空两种不同的工作环境等因素对飞秒激光金属微加工的影响，并在 1 mm 厚的不锈钢板上加工出了高质量通孔，如图 1.8 所示。

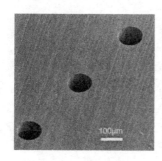

图 1.8　飞秒激光在不锈钢上加工出的微通孔

此外，新加坡南洋理工大学[10] 则对包含有铬和金两种金属薄膜的掩模母版进行了详细的飞秒激光直写扫描加工。他们设计了一套专用的飞秒激光直写加工系统，并用这一系统在掩模母版上加工出约 600 nm 的微孔和微槽结构。加拿大的 X.Zhu 等利用飞秒激光束在铝、钨、铜、铁、铅等许多金属制成的 25 μm 厚的薄板上打出直径为 10 μm 的小孔，孔与孔之间的间距也可以小至 10 μm，打出的微孔孔壁光滑，垂直度良好。C.Fohl 等[10] 致力于超短脉冲孔加工时的钻削策略，发现将激光束作为刀具采用螺旋式钻孔的方式，能够实现不同锥度孔的精密加工。

② 飞秒激光对介质材料进行的微加工。

飞秒激光对介质材料进行的微加工在集成光学、双光子聚合、微流体器件加工和纳米颗粒制备等诸多领域都有重要应用[10]。利用飞秒激光诱导透明材料局部折射率变化的现象，可在样品内部制备光波导[36]、分束器[37]、耦合器[38]、多模干涉仪[39]等各种光通信器件。图 1.9 为俄罗斯的 A. G Okhrimchuk 和 A. VShestakov[40]在掺钕的 YAG 晶体上用中心波长为 800 nm、重复频率为 1 kHz 的飞秒激光直写了长方形的压低包层波导,首次在飞秒激光直写的晶体材料波导内实现了连续波导激光运转。图 1.10 为 P. Bado. Micromaching[37]制作的分束器。

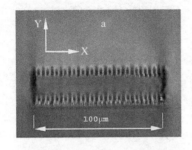

图 1.9 压低包层波导端面图   图 1.10 光分束器

采用飞秒激光直写、干涉或者相位掩模技术还可在光纤中制备出光纤布拉格光栅结构[10,41-43]。日本的 Yuki Kond 和法国的 Eric Fertein 等分别用红外激光在标准通信光纤中成功地制作了长周期 Bragg 光栅。利用两束飞秒激光还可以制作平面微结构 Bragg 光栅[44],如图 1.11 所示。这一技术对于制作 WDM 通信的衍射元件具有重要的意义。

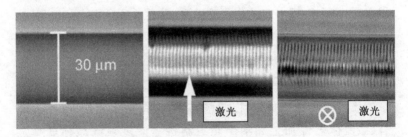

图 1.11 平面微结构 Bragg 光栅

利用飞秒脉冲激光还可以在玻璃(或其他透明介质)上制备

诸如微反射镜、微透镜、微光学分束器和微光源等微光学元件。图 1.12 为大阪大学 Hiroaki Nishiyama 等[45]利用波长 780 nm、脉冲宽度 128 fs、重复频率 100 MHz 的飞秒激光在玻璃表面加工出了折射率高达 1.4902 的透镜阵列结构,其中每一个透镜的直径为 38 μm,高为 4.5 μm。图 1.13 为 Y. Cheng 等[46]制作的半球面微透镜。

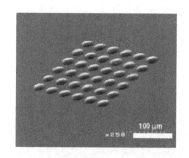

图 1.12 微透镜阵列

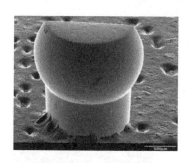

图 1.13 半球面微透镜

图 1.14 是 Loeschner D[42]在耐热玻璃上加工的 4 μm 深的水渠道微结构。尽管该结构的精确性、表面和底端形态有待进一步改进,但是其边缘质量良好,充分展示了飞秒激光在复杂三维流体微通道加工方面的应用潜力。

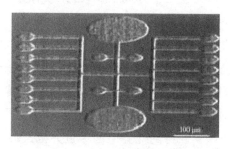

图 1.14 4 μm 深的水渠道微结构

飞秒激光还可以对硬脆材料实现微结构的高效去除(0.01~1 μm/脉冲)加工。爱荷华州立大学的 Dong 等[47]利用飞秒激光对 SiC 材料的去除机理和微结构成型过程进行了研究。结果表明,高能量对材料的去除过程和低能量的完全不同,高能量时以热过程为主,而在低能量时则表现出较强的多光子破坏效应。根据实验结果,该小组利用能量分别为 0.5 μJ 和 1 μJ 的飞秒激光在 SiC 膜层加工出了微电机转子(直径约为 100 μm)和微谐振腔,结构如图 1.15 所示。

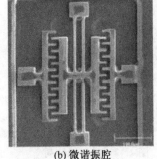

(a) 微电机转子　　　　　　　(b) 微谐振腔

图 1.15　飞秒激光在 SiC 膜上制备的微结构

1.2.4　飞秒激光双光子微加工研究概况

与飞秒激光单光子吸收相比,双光子吸收是非线性吸收,其吸收概率与作用光强的平方成正比,因此只有处于光强很高的焦点附近极小区域内的介质会受到激发,激光束途经的其他区域几乎不受影响[48]。这样就可以仅在介质内部指定的某一焦平面层进行加工,而不会严重干扰激光束途经的邻近区域。

1989 年,Rentzepis 课题组[49]第一次将飞秒激光双光子吸收技术成功应用于信息存储领域。随后,基于双光子吸收效应的微加工技术以其独特的优势引起了世界范围内的广泛重视。1992 年,Webb 小组[50]成功地在微纳加工领域实现了飞秒激光双光子技术的应用。1997 年,大阪大学的 Kawata 教授等[51]首次利用双光子技术加工出了三维螺旋结构。2001 年,Kawata 课题组[52]又首次突破衍射极限实现了 120 nm 的加工分辨率,在光敏树脂内部制备出了长 10 μm、高 7 μm 的三维纳米牛结构,如图 1.16 所示。这是科学家利用飞秒激光双光子聚合技术首次突破衍射极限获得 120 nm 的加工分辨率,实现了利用双光子加工技术制造亚微米精度三维结构的目标,并证明应用飞秒激光可以实现复杂形貌的加工。此外,该研究组还制作了微管道、微链条、微齿轮和光子晶体等一系列三维结构。他们还利用光镊驱动制作的微弹簧使其发生形变,并在此基础上研究了双光子加工的微弹簧的刚度。

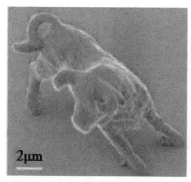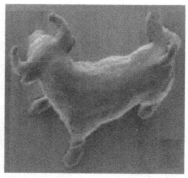

图 1.16 双光子聚合加工的纳米牛

日本神户通信技术研究室的 Shiyoshi Yokoyama 等[53]制作出了微型激光谐振腔,如图 1.17 所示。加工用的光聚合材料中掺有激光染料(DCM)和超支聚合物,由于超支聚合物对染料的包裹作用使加工样品中染料的浓度达到 4wt%,加工完成后的激光谐振腔尺寸为 200 μm×100 μm。使用 532 nm、8 ns 的激光泵浦谐振腔后,实现波长 606.6 nm,单脉冲能量 0.05 μJ 的激光输出。运用这种方法制作的无反射镜和其他光学设备的激光微谐振腔还可以通过改变包含染料的种类实现不同类型激光的输出。

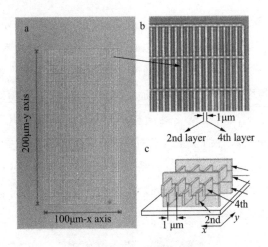

图 1.17 微型激光谐振腔

德国汉诺威激光中心的飞秒激光微加工研究小组在双光子聚合加工领域同样取得了丰硕的成果[53-55]。他们在聚合物材料上加工的维纳斯雕像，分辨率可达 120 nm，并且他们将其镶嵌在头发丝上；还制作出了腿长 1 μm、高约为 30 μm 的蜘蛛，另外还有其他一系列复杂的微结构，如图 1.18 所示。

美国普渡大学 Xu 所率领的团队[56]也一直致力于飞秒激光微结构加工技术等方面的研究，取得了一系列重要的成果。图 1.19 为他们利用飞秒激光分别在基体材料内部和表面加工的普渡大学的图标。美国亚利桑那大学化学院 Joseph W. Perry 博士的研究小组[57]应用双光子激发金属阳离子发生光还原反应的工作原理，制作出了三维的金属微结构。实验中所使用的材料为一种自制的混合溶液，主要包括用于提供金属离子的可溶有机金属盐、一种合适的光还原染料作为光引发剂、用作成核种子的纳米颗粒材料和其他成分。通过双光子加工系统的一次写入成型，可实现金、银和铜等金属微结构的连续成型。这种利用飞秒激光束诱导纳米组合物生长，进而加工出金属三维微结构的方法将会在电子器件、光学器件和微机电系统中得到很好的应用。

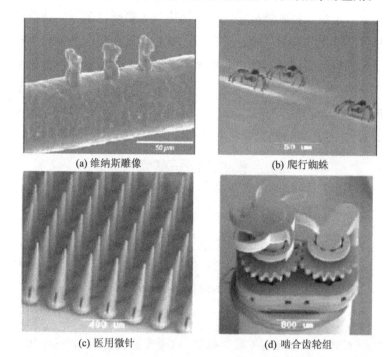

(a) 维纳斯雕像　　　　　　　　　(b) 爬行蜘蛛

(c) 医用微针　　　　　　　　　　(d) 啮合齿轮组

图 1.18　德国汉诺威激光中心制作的典型微器件

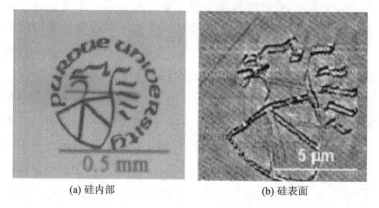

(a) 硅内部　　　　　　　　　　　(b) 硅表面

图 1.19　在硅材料上加工的普渡大学图标

　　韩国科学技术院的 Shin Wook Yi 研究小组[58]基于飞秒激光双光子吸收技术进行了大量的理论与实验研究工作。他们使用重复频率 80 MHz、波长 780 nm、脉冲宽度小于 100 fs 的飞秒激光器进行了相关实验。利用该技术加工出来的朝鲜半岛的微型结构,曝光时间为 5 ms、平均功率为 5 mW、加工点之间的距离为 48 nm。图 1.20 是在输出功率为 4 mW、曝光时间为 4 ms 的条件下加工出来的"思考者"的微型结构。

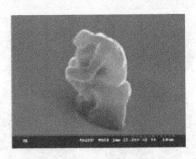

图 1.20　"思考者"微模型

　　双光子聚合具有不需要掩模、一次成型,以及具有三维加工能力和高加工分辨率的特点,广泛地应用于微纳加工的各个领域。近年来,飞秒激光双光子聚合微加工在微光子学器件的制备中大放异彩[59-62]。Markus Deube 等采用飞秒激光直写技术在 SU-8 上加工了 40 层的三维光子晶体,光子晶体的禁带范围为 1.3~1.7 μm,如图 1.21 所示。

　　K. Barker 等利用双光子加工技术,将激光束聚焦到光刻胶树脂中实现聚合物光波导的制作,如图 1.22 所示。光波导是集成光学的基础,双光子聚合加工光波导的方法对于集成光子学器件的构筑意义重大。Z. B. Sun 等利用含镉离子前驱物单体的光刻胶,通过原位生成的方法合成硫化镉量子点。利用聚合物交联网络密度控制硫化镉量子点的粒径,得到了在聚合物中分散均匀、尺寸可控的硫化镉量子点。采用双光子聚合微加工技术,得到了不同颜色的三维微牛和微蜥蜴结构,如图 1.23 所示。这种方法为新型光子学发光器件的开发奠定了基础。

图 1.21　飞秒激光直写技术加工的三维光子晶体

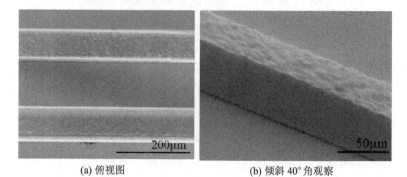

(a) 俯视图　　　　　　　　　　(b) 倾斜 40° 角观察

图 1.22　双光子微加工制作光波导的扫描照片

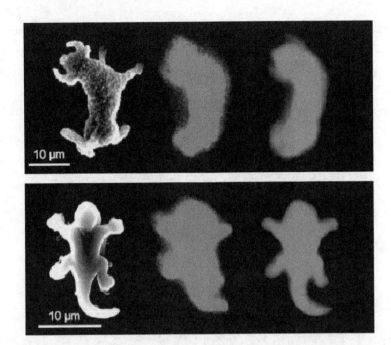

图 1.23 双光子聚合制备不同颜色含硫化镉量子点的微牛和微蜥蜴结构

此外，科研人员也已经能够利用飞秒激光双光子微加工技术制备某些具有特定功能的微结构系统。名古屋大学的 Shoji Maruo 课题组[57]使用负性光刻胶材料制备出一种三维"操纵器"，在光镊的驱动下，该操纵器能够实现夹持和搬运轻小物体的微运动。匈牙利科学院的 Peter Galajda 课题组[58]通过飞秒激光双光子加工系统一次成型技术，制作了能够实现相互啮合的传动齿轮组。此类研究成果表明，飞秒激光双光子微加工技术结合光驱动技术在 MEMS 系统领域有良好的应用前景。除了上面介绍的研究成果外，飞秒激光诱导的双光子激发在高密度信息存储[59-62]等方面也有了很好的应用。

国内部分科技人员也在飞秒激光双光子微加工领域做出了显著的成绩。中国科学技术大学黄文浩课题组[63-67]自行研发了

中在受激电子上未被扩散出去,不会对激发以外的区域造成热影响。而当热平衡以后,能量会因电子-声子的耦合而被传递出去。因此,如果脉冲时间小于热平衡时间,则激发过程可以认为是准绝热过程,不会对物质产生热影响。

2.2.2　飞秒激光与物质相互作用的特性

飞秒脉冲激光因其脉宽超短、能量密度很高,使其在与物质相互作用过程中,相对于长脉冲(脉冲长度大于 1 ps 的激光)或连续波激光表现出了在空间和时间上的独特优势。飞秒激光与金属等吸收物质[80](对飞秒激光线性吸收的物质)相互作用的过程与长脉冲激光和连续波激光基本相似,本书的研究没有涉及此类物质,故不再赘述。下面着重介绍飞秒激光与透明物质相互作用的特性。

所谓透明物质,是指该类物质不具备吸收飞秒激光单光子能量产生激发的条件,也就是说在较低能量的激光激发下该物质基本不会发生物理或者化学变化。因此,当飞秒激光与此类透明物质相互作用时,只能通过双光子/多光子激发等非线性吸收方式才有可能使电子达到激发态。非线性吸收过程所需的激发能量要远大于线性吸收过程所需的能量。想要在透明介质内诱发非线性吸收,仅仅通过压缩脉冲宽度将能量在时间上聚集(即获得更短脉冲)目前来讲较为困难。因此就需要设法在较小的空间上聚集更多的激发能量,提高激光聚焦后的功率密度,这样才有可能使该区域电子吸收到大于其激发态与基态之间的带隙的光子能量,从而产生激发效应。在非线性吸收的过程中,透明物质不是两个或者多个光子的连续吸收,而是对多个光子的同时吸收,此时物质对能量的吸收与光子强度的 n 次方成正比(n 为光子数)。若通过高数值孔径物镜对飞秒激光束进行聚焦,那么多光子就会在激光焦点区域叠加,透明物质会吸收到足够的能量,使该区域电子达到激发态成为可能。换句话说,当飞秒激光与透明物质相互作用时,只有在物质内部焦点附近很小的区域才有可能发生双光子/多光子吸收效应,而在激光经过的其他区域都不会发生吸收效应。因此,飞秒激光双光子吸收效应具有极高的空间选择性。基于这种特性,飞秒激光双光子微加工中,激光束可以入射到被加工材料内部的指定位置,诱发其发生光化学反应,改变其理化性质,从而实现任意复杂三维结构微器件的制备。

激光与物质相互作用时,电子受激以后会产生一系列的二次过程,包括电子-电子散射、电子的热平衡、电子-声子弛豫过程等。若从时间的角度来分析飞秒激光与物质相互作用的特性,飞秒激光诱发物质发生理化性质改变的机理与长脉冲激光或连续波激光作用于物质有着本质的区别。对于脉冲长度小于1 ps 的激光脉冲来说,由于脉宽超短,电子被光子激发比电子-声子耦合发生得早,单个飞秒激光脉冲在电子以热的形式激发离子之前就结束了。也就是说,在电子-声子耦合向激发区域外围辐射能量之前,整个光化学反应已经结束了。这时激发能量全部集中在受激电子上未被扩散出去,在焦点以外的热扩散被大大减小了,不会对激发以外的区域造成热影响。因为整个激发过程小于热平衡时间,所以物质在热量还没有扩散之前就恢复到激光作用前的状态。整个过程由于没有热扩散,自然也就避免了热熔化、热影响、冲击波等效应带来的负面作用,也就不会产生熔融区、热影响区等。当飞秒脉冲激光与透明物质相互作用时,非线性吸收只能在入射光焦点区域极小的范围内发生,双/多光子能量被聚集在一个极小的空间和时间范围内,能量的利用效率大大提高。在极短的时间内吸收区域的温度会上升到远超过材料的液化和汽化临界点的温度值,促使该区域的物质发生高度电离，达到等离子体状态。物质本身无法束缚住的这种高温高压的等离子体，使得它带着激光注入的能量一起喷发出去，吸收区域也随之冷却。正是由于这种特性，飞秒激光微加工时的热损伤范围大大缩小，加工的精度明显提高[81]。而长脉冲激光和连续波激光加工中，由于热扩散的范围较大，物质经历熔化再凝固的过程之后，加工断面不平整，还容易有残渣、毛刺等不洁净特征。

2.3　双光子吸收原理

2.3.1　双光子吸收过程

一般情况下，激光与物质相互作用时，一个分子或者原子每次只能吸收一个光子的能量实现从基态到激发态的跃迁。但当光强足够高时，就有可能一次吸收多个光子产生多光子跃迁。双光子吸收是指一个原子或分子同时吸收两个不同频率或者同一频率的光子向高能级跃迁的过程。G.Mayer[82]早在 1931 年就从理论上预测了介质在强光激发下有可能产生双光子吸收现象。直到激光器诞生后，Kaise 和 Garrett[83]于 1961 年利用红宝石激光器作为激光源首次观测到了 $GaF_2:Eu^{2+}$ 晶体的双光子吸收所引起的荧光发射现象。但是由于缺少大的双光子吸收截面材料，双光子吸收的应用受到很大限制，仅作为测定能级位置的光谱分析工具。直到 20 世纪 90 年代初，随着飞秒脉冲激光及具有较大的双光子吸收截面的有机分子材料的出现，人们意识到双光子吸收可以被用来引发聚合物的光致聚合，由此针对双光子过程的研究有了迅猛的发展。目前研究人员已经实现了包括双光子上转换激光、双光子三维光存储、双光子光动力学疗法、双光子荧光显微镜、双光子光聚合微加工等相关技术。

当激发光的光子能量等于物质基态与激发态之间的能量差

(带隙)时,基态电子吸收一个光子跃迁至激发态,经过一定时间的生命周期后返回基态,释放出荧光,这个现象即单光子激发荧光,如图 2.1a[5] 所示。单光子吸收的可能性与光强呈线性关系。

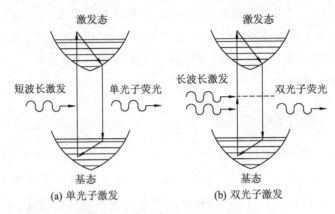

(a) 单光子激发   (b) 双光子激发

图 2.1　单光子与双光子激发过程示意图

　　在双光子吸收过程中,使用波长为图 2.1a 中激发波长两倍的光对相同物质进行激发,此时光波的光子能量仅是原来的 1/2,基态电子吸收不到足够的能量而无法完成向激发态的迁跃,形成所谓的"虚态",如图 2.1b 中的虚线位置。在光子密度极高的条件下,由于强光的作用,另一光子如果能够在"虚态"消失之前("虚态"持续的时间非常短,仅几飞秒的数量级)也能够被吸收,则通过两个光子的能量叠加而使处于基态的电子获得足够的能量,从而实现从基态向激发态的迁跃,这一过程就称为双光子吸收过程,如图 2.1b 所示。如果两个光子具有相同的能量,这一过程就称为简并双光子吸收;如果两个光子具有不同的能量,则称为非简并双光子吸收。

2.3.2　双光子吸收的理论模型

　　光作为一种电磁波,当它穿过介质时,介质会发生极化现象。若激发光的强度非常高,介质将呈现出显著的非线性。各向同性的介质中的极化强度 P 可表示为[84]：

$$P(E) = \varepsilon_0 (\chi E + \chi_2 E^2 + \chi_3 E^3 + \cdots) \tag{2.1}$$

式中，E 为电场强度，极化强度 P 与电场强度 E 方向相同；ε_0 为真空电容率；χ 为介质的线性极化率，为二阶张量，χ_2 与 χ_3 分别表示二阶和三阶非线性极化率，分别是三阶和四阶张量。极化率的实部对应介质的折射率，虚部对应介质的吸收性质。不同阶的极化率对应不同的介质性质，χ_2 会引起二次谐波产生、线性光电效应等二阶非线性光学效应；χ_3 对应于光克尔效应、四波混频、三次谐波产生、双光子吸收等三阶非线性光学效应；而更高的 χ_n 对应于 n 阶非线性效应，如多光子吸收等[85]。

　　双光子吸收是一个三阶非线性耗散过程，在这个过程中，介质与光场之间通过光子的吸收和发射交换能量。反应介质分子吸收双光子的本领大小的参数是吸收截面，这是双光子吸收现象的重要参数[86]。由式(2.1)可知，介质经过双光子激发后的极化强度与光源电场强度的平方和材料的极化率成正比。当分子体系受到辐射强度为 I 的激光照射时，分子的极化率 $P(I)$ 可表示为

$$P(I) = \sigma_1 I + \sigma_2 I^2 + \sigma_3 I^3 + \cdots \tag{2.2}$$

式中，σ_1 表示介质的线性吸收截面，$cm^2 \cdot s$；σ_2 表示介质的双光子吸收截面，$cm^4 \cdot s$；以此类推。

　　此外，分子体系对激发光的吸收也可用介质的吸收系数来表示：

$$\frac{\partial I}{\partial z} = \alpha I + \beta I^2 + \gamma I^3 + \cdots \tag{2.3}$$

式中，α 为介质的线性吸收系数，cm^{-1}；β 为二阶吸收系数，$W^{-1} \cdot cm$；γ 是三阶吸收系数，$W^{-2} \cdot cm^3$。若忽略多光子吸收，即 $\sigma_i = 0 (i \geqslant 3)$ 时，有

$$\frac{\partial I}{\partial z} = \alpha I + \beta I^2 \tag{2.4}$$

如果只考虑双光子吸收情况,激发光的波长应处于介质单光子吸收谱的截止区,即线性吸收截面 $\sigma_1 = 0$,有

$$I = I_0 / (1 + I_0 l \beta) \tag{2.5}$$

式中,I_0 为入射光强,l 为介质发生双光子吸收的长度。式(2.5)说明了双光子吸收过程后激发光强随吸收长度的变化情况。对于均匀有机溶液,通过实验测试激发光强随入射光强的改变,利用式(2.5)进行实验数据拟合后,可以得到介质的双光子吸收系数与吸收截面间有如下关系:

$$h\nu\beta = N_A d_0 \sigma_2 \tag{2.6}$$

式中,h 为普朗克常数;ν 为激发光的频率,Hz;N_A 为阿伏加德罗常数;d_0 表示溶液浓度。

由于双光子吸收系数与样品浓度有关,为方便比较,微观上常用双光子吸收截面 σ_2 来表示分子双光子吸收的大小,它是描述介质双光子吸收能力的主要指标之一。双光子吸收截面 σ_2 与介质三阶极化率的虚部成正比,并有如下关系[7]:

$$\sigma_2 = \frac{8\pi^2 h\nu^2}{n^2 c^2} L^4 \text{Im}(\chi_3) \tag{2.7}$$

式中,n 为介质折射率;c 为光速;L 为局部场形系数(真空条件下等于 1);$\text{Im}(\chi_3)$ 为介质三阶极化率的虚部。

根据式(2.7),可以运用量子化学方法在分子水平上计算和优化双光子吸收截面。一般介质的双光子吸收截面在 10^{-50} cm$^4 \cdot$ s 量级,而单光子吸收截面通常为 10^{-10} cm$^2 \cdot$ s 量级。可以看出,一般介质的双光子吸收截面远远小于单光子吸收截面,因此在激光入射焦点区域以外发生双光子吸收的几率要小得多[87]。

影响双光子吸收的因素除了双光子吸收截面外,双光子激

发的速率也是一个重要参数。同样,在只考虑双光子吸收的情况下,假设材料吸收饱和,双光子激发的速率可以表示为[88]

$$R_{TPA} = \sigma_2 (I/h\nu)^2 \tag{2.8}$$

随着超快脉冲激光技术的不断发展,激光能量能够被聚集在很窄脉宽的脉冲序列中。因此,激发光可以在较低的平均输出功率下达到极大的瞬间激发光强,这便使得显著的双光子激发得以实现。假设激发光源的重复频率为 f_p、脉冲宽度为 τ_p、平均输出功率为 P_0、光束中心波长为 λ,用于光束聚焦的物镜数值孔径为 NA,则物镜前焦面焦斑面积 A 的大小为

$$\begin{cases} \omega_f = \dfrac{2\lambda}{\pi NA} \\ A = \pi \omega_f^2 \end{cases} \tag{2.9}$$

此时,在物镜焦点处的平均激发光强 I 为

$$I = \frac{P_0}{f_p \tau_p A} = \frac{\pi P_0 NA^2}{4 f_p \tau_p \lambda^2} \tag{2.10}$$

则双光子激发速率 R_{TPA} 可以表示为

$$R_{TPA} = \sigma_2 \left(\frac{I}{h\nu}\right)^2 = \frac{\sigma_2 P_0^2}{f_p^2 \tau_p^2} \left(\frac{\pi NA^2}{4hc\lambda}\right)^2 \tag{2.11}$$

因此,在一个脉冲内由于双光子吸收而被激发的介质发色团数为

$$n = \sigma_2 \left(\frac{I}{2h\nu}\right)^2 \tau_p = \frac{P_0^2 \sigma_2}{\tau_p f_p^2} \left(\frac{NA^2 \pi}{8hc\lambda}\right)^2 \tag{2.12}$$

由式(2.12)可知,介质的双光子吸收截面 σ_2、光源的瞬间激发光强及聚焦条件是影响反应速率的关键因素。因此,为了提高双光子激发的效率,需要在新型大双光子吸收截面材料的开发和高辐射强度光源的研制方面展开研究。

2.4　飞秒激光双光子微加工的原理及特点

2.4.1　飞秒激光双光子微加工的原理

将飞秒脉冲激光通过透镜聚焦到具有大双光子吸收截面的材料内,焦点附近的较小区域内会产生强烈的双光子吸收,引起该区域发生显著的化学物理变化,从而改变材料的化学或物理性质。由于飞秒激光在材料内部诱发的双光子吸收仅仅发生在通过透镜聚焦后的光斑中心光强最大处附近的极小范围内,因此激光光束可以直达材料内部并在特定位置引发光聚合反应。这时,如果能够控制激光焦点按照预先设计的微器件加工轨迹进行扫描,使得发生光聚合反应的区域逐渐由点到线然后到面,最终就能得到我们所需要的形状。在微器件的成型过程结束后,可以采用合适的方法将发生变化的材料从原来的材料内部剥离出来,从而实现微器件的制备。

实现这种剥离功能的较为常用的方法是显影技术,它是双光子加工工艺中很重要的一个环节。扫描结束后,将加工样品浸没在显影溶液中,溶解掉其中未被改变的部分(如果加工材料为正胶,则双光子吸收部分在显影过程中被去除),就可以获得所设计的微器件。

2.4.2　飞秒激光双光子微加工的特点

(1) 与单光子加工相比

基于单光子吸收过程与双光子吸收过程的诱发机理,在进行微加工时,激光与光敏材料的相互作用区域存在较大区别。当具有较高能量的单光子(短波)经透镜聚焦到材料表面或内部时,单光子吸收可能发生在激光束通过的所有区域,其吸收的最小区域受光学衍射极限的限制;而当具有较低能量的双光子(长波)经透镜聚焦到材料表面或内部时,双光子吸收只可能发生在焦点附近的极小区域,如图 2.2 所示。

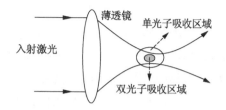

图 2.2　焦点附近单光子与双光子作用区域示意图

研究人员[5]分别用单光子和双光子激发罗丹宁 B 染料,通过两者激发的荧光效果的对比直观地揭示了双光子吸收的特点,如图 2.3 所示。

(a) 单光子激发　　　　　　(b) 双光子激发

图 2.3　单光子与双光子作用区域

由图 2.3 可知,单光子激发时聚焦光斑较大,形状近似三角形,在激光入射的路径中和焦点位置处都产生能量吸收和荧光激发;而双光子激发荧光只存在于焦点附近很小的区域内。由于双光子作用过程中所使用光子的能量大大低于材料的吸收带隙,而且由式(2.4)可知材料的双光子吸收效率正比于入射光强的平方,其双光子吸收区域与材料的非线性光学特性和吸收过程的能量密度(即引发双光子聚合反应的激光阈值)有关。

　　根据材料的非线性光学特性大小,通过控制入射激光强度,可以使引发双光子聚合反应的激光阈值的范围大大小于焦点光斑的大小,所获得作用区域可以远远小于光的衍射极限,在理论上甚至可以达到单分子尺度。因此,利用双光子吸收及其阈值效应突破经典光学衍射极限的限制,实现纳米尺度的加工是完全有可能的。事实上,H.B.SUN 研究组在保持曝光时间一定的条件下改变激光脉冲的能量进行单点曝光,已经实现了最小体积元 120 nm 的径向分辨率[89],如图 2.4 所示。中国科学院理化技术研究所有机纳米光子学实验室的段宣明课题组利用聚合物的收缩效应,在预先加工的长方体间利用激光进行高速扫描制备悬空的聚合物线条实现了 15 nm 线宽的悬空聚合物纳米线[90],图 2.5 显示的是利用这种方法所制备的 22 nm 悬空线。因此,相比单光子加工,双光子加工具有分辨率高、穿透性好等优势,使其在三维成像、存储和微器件制备领域内具有更大的优势。

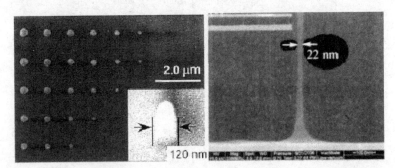

图 2.4　径向分辨率为 120 nm 的　　图 2.5　线宽为 22 nm 的悬空线
　　　　固化体积元

　　(2) 与传统立体光成型技术相比

　　传统的立体光成型技术通过逐层固化光聚合材料来形成微小的三维结构。加工过程中,当某一层材料被固化后,将新的液态薄层覆盖到已加工的层面上,再对这层薄膜有选择地固化,如此循环操作直到整个器件制备完成。所以,被加工材料成膜的厚度、均匀性和速度,以及激发光束曝光的精度都将影响微器件制备的质量。利用双光子聚合技术是通过扫描技术控制激光焦点在被加工材料内部按照预定轨迹移动来实现制备微器件的。影响微器件制备精度与速度的主要因素是扫描技术。以激光焦点的运动方式来分,目前常用的扫描技术可以分为逐点扫描和线段扫描两种[73],如图 2.6 所示,图中圆点表示扫描途径。

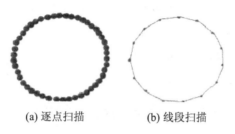

(a) 逐点扫描　　　　　　　　(b) 线段扫描

图 2.6　两种扫描方式

　　逐点扫描技术可以利用三维移动扫描平台加以实现。由于压电微移动平台的精度已经能够达到甚至优于 1 nm,因此采用逐点扫描方式可以获得纳米量级的加工精度,同时控制不同方向扫描点之间的间距可以提高加工速度。通常大位移的三维压电微移动扫描平台的惯性较大、响应时间较慢(一般大于 10 ms)。而为了减小微器件的表面粗糙度值确保其表面光滑,点与点之间的距离必须很小,即扫描步距必须很小,这样会导致制备任意结构的时间较长[91]。本书中使用的中国科学技术大学微纳米实验中心的飞秒激光双光子微加工系统采用的就是这种逐点扫描加工方式。他们使用 S-3 光固化树脂进行平面加工,激光入射功率40 mW、单点曝光时间 15 ms、单个固化点在焦平面上的尺寸550 nm,当扫描步距为 0.1 μm 时,平面表面粗糙度最小可以达到 17 nm[92]。

线段扫描技术可以利用二维振镜系统与一维移动平台组合使用加以实现。由于二维振镜转动惯量很小、响应时间快,可小于 0.5 ms,因此对于任意复杂结构,在不影响微器件加工精度的条件下,选择合适的线段,利用线段扫描可实现微器件的快速制备。中国科学院理化技术研究所有机纳米光子学实验室的段宣明课题组就是采用的这种扫描方式,他们进行微器件制备时的平均扫描速度可达到 100 μm/s 以上[73]。

与传统的立体光成型技术相比,双光子微加工技术不仅有效提高了曝光精度,而且不再需要材料薄膜的形成机构,整个加工过程全部在材料内部,结构和加工工艺相对更加简单,并且更利于加工复杂的三维微结构。

2.5　飞秒激光双光子聚合材料

尽管飞秒脉冲激光诱发双光子吸收的概率显著增大,但由于强激光与物质相互作用中还存在等离子、自由电子、热电子雪崩等其他物理过程,而这些过程很可能会导致材料发生损伤从而影响双光子吸收的效率。从光化学反应的机理来看,无论是单光子聚合、双/多光子聚合还是热聚合,它们之间本质的区别在于诱发聚合的环节。因此选择不同的光敏引发剂能对飞秒激光双光子聚合反应的诱发效率有直接的影响。通常,按光引发剂性质和机理的不同,常用的双光子聚合材料分为自由基聚合材料和阳离子聚合材料两种。

2.5.1　自由基聚合材料

自由基聚合反应具有速率高、处理过程简单、相应的光敏引发剂和单体较容易获得等优点,所以自由基聚合材料在飞秒激光双光子微加工中被广泛使用。双光子自由基光敏引发剂绝大多数是基于连续的双键或者连续的苯乙烯组成,其结构可以统一表示为 D-π-D、D-π-A，D-π-A-π-D、A-π-D-π-A[93]。

　　自由基类光聚合材料通常以单体/低聚物为基础(常用含量≥40wt%),加入光敏引发剂(常用含量≤10wt%)、特定活性稀释和其他添加剂。在双光子吸收过程中,首先是光敏引发剂通过双光子吸收过程由基态跃迁到激发态,并经过均裂反应或者通过光敏剂将能量转移给引发剂/单体产生自由基,自由基进而与体系中的单体/低聚物反应,生成自由基中间体,引发聚合链增长。随着聚合链的加长,材料的分子量也迅速增加。聚合反应在具有不同极性的反应链相遇时终止,此时被激发区域的材料产生固化。若将被加工材料浸没在显影溶液中,材料内被固化区域在显影液中的溶解度与激发前相比将大大下降,表现为呈固态析出。自由基类聚合材料光聚合反应的示意图如图 2.7 所示。

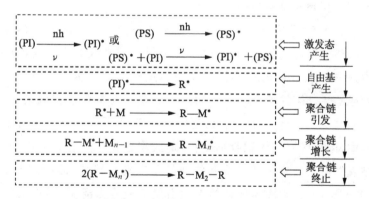

PI-光敏引发剂；PS-光敏剂；R-初级自由基；M-聚合单体

图 2.7　自由基聚合材料光聚合反应示意图

　　目前最常用的双光子自由基光聚合材料是丙烯酸醋树脂,已经有很多商品化的产品问世。如日木合成橡胶有限公司推出的 SCR500、Nopcocure800，环氧 EPOXY 科技公司的 EPO-TEK301，NORLAND 公司的 NOA72 等。这些产品中使用的引发剂的双光子吸收截面基本都在 $10\sim100$ GM 范围之内[94]，不能很好地满足快速加工的需要，因此各国科研人员对双光子聚合引发剂进行了更深入的研究。

目前对双光子光敏引发剂体系的研究热点主要集中在两个方面：一是采用已有的紫外光敏剂，通过光敏剂与引发剂的组合和配比来优化双光子光敏引发体系；二是研发具有更大双光子吸收截面的引发剂。除了利用光敏引发剂生成自由基诱发材料发生双光子光聚合反应外，某些单体材料在双光子光激发后也能断裂产生自由基，这种光化学反应称为直接光解引发。这类单体聚合材料并不多，仅有烷基乙烯基酮、溴乙烯等。为了有效地利用激光能量，并且获得较快的聚合速度，在这类材料中也使用适量的光敏引发剂或光敏剂。

2.5.2　阳离子聚合材料

近年来，研究人员研发出了阳离子聚合材料。双光子诱发的阳离子聚合过程，首先是通过光敏引发剂吸收双光子能量产生强的 Bronsted acid（布忍司特酸），这种酸能够诱发环氧化合物或乙烯基醚的聚合。虽然阳离子光聚合通常要求在低温、无水的情况下进行，条件比自由基聚合苛刻，但是在阳离子聚合过程中，固化区域的体积收缩较小，形成聚合物的附着力强，不易被氧气阻聚。目前比较成熟的商品化阳离子聚合树脂有 SU-8和 SCR-701。阳离子聚合的光敏引发剂通常为离子盐，如已经商品化的二芳基碘盐和三芳基硫盐。KUEBLER 等[95]将双（二苯乙烯）苯核心引入硫盐中合成的 BSB-S2 的双光子吸收截面可以达到 690 GM。

2.6　本章小结

本章主要介绍了飞秒激光双光子微加工机理。首先简要介绍了激光与物质相互作用的过程,详细分析了脉宽超短、能量密度很高的飞秒脉冲激光与透明物质相互作用时在空间和时间两个维度上所表现出的独特优势,着重阐述了飞秒激光双光子诱发光敏材料产生非线性吸收的机理及其理论模型。在此基础上,介绍了基于双光子吸收效应的飞秒激光微加工的原理及微器件制备的过程,同时通过与单光子加工和传统的光成型技术进行比较,得出了飞秒脉冲激光双光子微加工分辨率高、穿透性好、能有效提高曝光精度、系统结构和加工工艺相对简单、更利于制备较为复杂的三维微器件的结论。最后简单介绍了两种典型的双光子聚合材料(自由基聚合材料和阳离子聚合材料)的结构、特性及研发进展情况。

第三章

飞秒激光微加工系统及器件制备

3.1 引言

飞秒激光微加工是基于双光子吸收效应,将飞秒脉冲激光经透镜聚焦到聚合物材料内部,通过控制激光焦点在加工样品内的相对扫描运动,激活光引发剂诱发光聚合,在焦点处形成固化的高聚物材料,同时用特定的溶剂对未曝光材料进行溶解,从而实现三维微细实体的加工。完整的飞秒激光双光子微加工系统按照微器件的制备流程一般分为样品预处理系统、曝光系统及样品成型系统三部分,其中曝光系统是核心部分。曝光系统分为硬件和软件两个部分,硬件主要包括光源、激光共焦光路、曝光控制系统、实时监控系统等;软件部分主要实现对各硬件模块的控制与操作,包括加工过程运动控制、实时监控及相应数据处理等各类软件、人机交互软件等。本章将对飞秒激光微加工曝光系统主要器件的工作原理与结构进行详细阐述,同时介绍微齿轮和光子晶体制备、三维信息写入与读取等的加工过程及方法。

3.2 飞秒激光微加工系统

3.2.1 实验系统的组成

（1）系统结构

飞秒激光微加工实质上即由激光曝光固化和曝光点三维扫描共同作用实现微器件的制备。加工流程通常分为生成扫描路径、将被加工材料按照预定轨迹曝光固化、利用显影技术去除未加工的部分等三个流程。完整的微加工系统一般分为扫描轨迹生成系统、曝光固化系统及样品成型系统三部分，如图3.1所示。

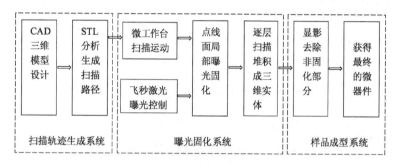

图 3.1 飞秒激光微加工流程

曝光系统起着将样品按照预定轨迹曝光固化的作用，是微加工系统中最核心的单元。曝光系统由光源、激光共焦光路、扫描运动平台、控制各设备的主控制器(计算机)、电气控制柜等硬件及轨迹生成和运动控制软件两部分构成，如图3.2所示。

（2）光源及光路

在图3.2中，作为光源的飞秒激光器辐射出波长范围在700～800 nm、脉宽在几十飞秒左右的脉冲激光，激光束通过反射镜、滤光片、衰减镜进行前端处理后，利用光扩束管同时实现激光束的准直和扩束。经扩束后的飞秒激光入射到显微镜的物镜中，经会聚后在被加工材料内部的相应位置聚焦，焦点处瞬间产生的能量使物质发生双光子光聚合反应。这种激光共焦显微镜系统既可以很好地提高微加工的空间分辨率,也能实现三维共焦成像和信息读取。

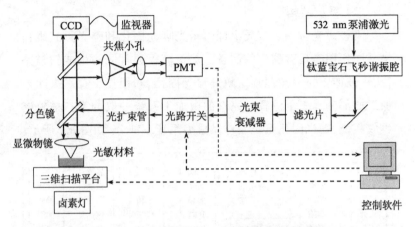

图 3.2　飞秒激光微加工实验系统结构示意图

(3) 曝光及扫描单元

通过精确控制飞秒激光束的通断和被加工材料的曝光位置可以实现三维微加工,前者由图 3.2 中的光路开关实现,后者由三维扫描平台实现。加工系统中的计算机输出控制指令使两者协调动作,在正确的位置和时间内对被加工材料进行曝光。光路开关具有毫米级响应速度,三维扫描平台具有纳米级定位精度,可以保证微器件具有较好的加工质量。在整个加工过程中,所有的扫描动作都由一个三维扫描平台完成,可以有效地减小多扫描器相互配合所带来的系统加工误差;激光聚焦光路和三维扫描系统也是相互独立的,聚焦光路只担负光束通断的任务,因此不会由于光学器件或光束本身的变动对焦斑的聚焦质量产生干扰。由于被加工材料性质、待加工器件的尺寸大小、加工分辨率等各不相同,三维扫描平台的运动范围和分辨率也需要进行相应调整。

（4）监测及信息读取单元

系统中,通过卤素灯和电荷耦合器件(CCD)对被加工材料内部发生的光化学反应进行实时监测,为防止 400 nm 附近的可见光诱导材料发生单光子激发,还需要增加相应的滤光片。在实时监测过程中,可以利用 CCD 拍摄的照片实现三维重构,与设计的微器件进行对比,若发现加工误差超出范围,可以及时调整加工参数,确保加工质量。此外,如果材料在加工过程中产生激发荧光,可以通过光电倍增管(PMT)进行实时观察。经 PMT 放大的荧光信号还可以传输到计算机上实时显示。

（5）软件系统

软件系统主要由两部分组成:一是扫描路径生成软件,可以生成扫描运动平台的运动轨迹;二是运动控制软件,该软件将生成的运动轨迹转化成相应的运动指令并发送给扫描运动平台,同时需要生成相应的开关动作指令来控制光路开关通断,以配合扫描运动完成预定区域的曝光。

（6）系统实物

本书中所有的实验都是在中国科学技术大学微纳米工程实验室自行搭建的飞秒激光微加工系统上完成的。加工系统的整体尺寸为 210 cm×65 cm×60 cm,为减小实验环境对加工的影响,所有器件均放置于气浮光学平台上。加工系统中的关键部件,如掺钛蓝宝石激光器光源、激光共焦显微镜、高速响应光路开关等均由该实验中心的实验人员自行设计、制作完成。实验系统照片如图 3.3 所示。实验人员在搭建系统时充分考虑了功能的可扩展性,将原有的荧光生物显微镜改造成为激光共焦扫描显微镜系统。改造过的系统除了能够实现微器件制备外,还能够利用某些光致变色或者光致漂白材料的双光子吸收效应实现信息的三维高密度存储、读取和成像功能。在该系统的设计中,实验人员还充分考虑了系统的可维护性,实现了各功能单元的模块化,减小了由结构、功能的交叉给系统维护带来的不便。这样可以根据实验要求的不同,方便地进行各功能单元的调整,如调节激光器的输出或者更换聚焦物镜。

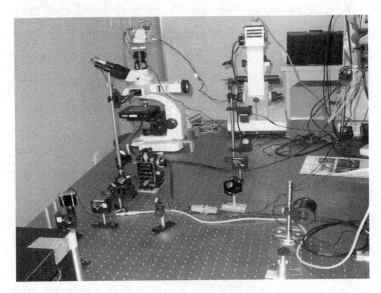

图 3.3　飞秒激光微加工实验系统

3.2.2　飞秒激光光源

（1）掺钛蓝宝石飞秒脉冲激光器工作原理

实验系统中使用的掺钛蓝宝石飞秒脉冲激光器采用锁模技术实现激光脉冲的输出[95]。激光介质的增益带宽和谐振腔内的损耗共同决定了激光器内允许振荡的频率范围。激光的辐射仅仅发生在部分有限的、分离的频率点上,在频谱上表现为一系列频率间隔为 $c/2L$（c 为光速,L 为谐振腔长度）的分离谱线。在激光晶体增益频谱允许范围内,假设辐射中含有 $2n+1$ 个频率

点（纵模），则输出激光的电场强度可表示为

$$E(t) = \sum_{q=-n}^{n} E_q \cos(\omega_q t + \varphi_q) \tag{3.1}$$

式中，ω_q 和 φ_q 分别表示第 q 个纵模的角频率和初始相位角。

　　如果不同纵模之间的初始相位角彼此关联，且保持固定的相位差，那么不同频率的光波将会产生干涉现象，输出功率就表现为周期性的时间函数，这种现象称为锁模。利用锁模技术，激光器能够产生具有一定间隔的脉冲激光，其脉冲宽度与锁模带宽近似成反比。按照实现方法的不同，锁模技术分为主动锁模和被动锁模两种。掺钛蓝宝石激光器的锁模技术属于被动锁模。

　　若使用高斯型激光束作为泵浦，具有光克尔效应的掺钛蓝宝石内光强不同的位置就会产生折射率梯度，引起激光束自聚焦。光强越强，折射率梯度越大，输出激光束的束腰随之减小，峰值光强较强的脉冲光比连续光的自聚焦效应更为显著。如果在激光束腰位置添加尺寸合适的光阑，或者直接利用聚焦后的泵浦激光在掺钛蓝宝石晶体内形成的"软光阑"（蓝宝石晶体中泵浦激光聚焦区域内的增益高于其他区域，聚焦区域具有光阑的作用，被称为软光阑），就能使输出脉冲激光在腔内形成振荡。锁模元件首先在激光振荡产生的噪声信号中选取强度较大的脉冲作为种子，利用掺钛蓝宝石的光克尔效应，使种子脉冲的前后沿和中间位置得到不同的增益。脉冲激光在谐振腔内往返的过程中，其中心光强因增益大于 1 而不断增强，脉冲前后沿光强因增益小于 1 而不断衰减。脉冲激光不断被整形放大，脉冲宽度被压缩，直至稳定锁模。由于处于连续模式运转的掺钛蓝宝石激光器的辐射光强不足以引起显著的光克尔效应，这导致锁模无法启动。此时还需要引入一些瞬间扰动（如轻推反射镜或色

散棱镜产生振动),使腔内的激光能量在振动过程中出现较大的涨落,产生脉冲光信号,启动晶体的光克尔效应,引发其自聚焦效应,在"软光阑"作用下,输出超短脉冲激光。

掺钛蓝宝石的光克尔效应不仅能够引发脉冲激光束的空间自聚焦调制,还能使其相位随自身光强度变化而变化,这种现象称为自相位调制(SPM),而自相位调制会拓宽激光脉冲包含的频率成分。令脉冲激光在介质中传输的距离为 L,则由光克尔效应引起的相位变化可表示为 $\Delta\varphi(t) = -kLn_2[I(t)]$,$k$ 为波矢。脉冲激光不同部位的瞬时频率变化可表示为

$$\Delta\omega(t) = \frac{\partial}{\partial t}\Delta\varphi(t) = -\frac{\partial}{\partial t}\{kLn_2[I(t)]\} \tag{3.2}$$

式(3.2)表明脉冲包络的不同位置具有不同的瞬时频率,这种现象称为啁啾效应。因此,在能量逐渐上升的激光脉冲前沿局域位置的频率将会产生红移,同时在能量逐渐下降的脉冲后沿局域位置的频率将会产生蓝移。这种啁啾效应的存在会使激光脉冲的频谱范围变宽。具有宽频带的超快脉冲激光不同波长的脉冲成分具有不同的传播速度,在谐振腔内各个元件之间穿过时会产生色散,这种现象称为群速色散(GVD)。由于群速色散的影响,原本能量相对集中的高强度锁模超短脉冲激光在谐振腔内来回往返多次后,在时间域内被展宽。因此需要采用合适的技术减小甚至消除群速色散带来的影响,确保超短激光脉冲的稳定输出。群速色散常见的补偿方法[95]有棱镜对补偿、衍射光栅补偿、啁啾镜补偿等。棱镜对补偿法具有调节效果好、光损耗小、方法简单、成本低等优点,在实际使用中被广泛采用。采用棱镜对消除群速色散的装置[95]如图 3.4 所示。实际使用时,首先调整两个棱镜顶角之间的距离 L,进行系统色散的初步控制,然后利用精密移动平台调整棱镜在光路

中插入的深度,这样就可以实现系统色散的精确补偿。衍射光栅法一般用于较大群速色散的补偿,啁啾镜补偿法通常用于高阶色散的补偿。

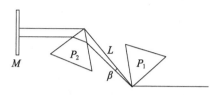

图 3.4　棱镜对消除群速色散装置示意图

（2）掺钛蓝宝石飞秒脉冲激光器的结构

飞秒脉冲激光器是三维微加工系统的激发光源,确定激光器时需要考虑输出激光脉冲的脉宽、重复频率和中心波长等性能参数,还要综合考虑制作成本和空间利用效率等因素。实验系统采用热导率高、工作性能稳定的 Ti:AL$_2$O$_3$ 晶体来组建飞秒激光谐振腔,晶体尺寸 5 mm×5 mm×7 mm,钛离子掺杂浓度 0.15%,其他相关参数如下:最大发射截面 $30×10^{-29}$ cm^2、发射峰值 790 nm、增益带宽 230 nm、高能态寿命 3.2 μs、非线性折射率 $3.2×10^{-16}$ cm^2/W。Ti:AL$_2$O$_3$ 具有较大的增益带宽,有利于产生更短的激光脉冲,800 nm 左右的中心波长可用于作为多种紫外光刻胶的双光子激发光源。由于 Ti:AL$_2$O$_3$ 晶体的吸收峰位于 488 nm 附近,这里选用了连续的 532 nm 波长的 Nd:YLF 激光器作为泵浦光源,以实现整个飞秒激光系统的全固化。

掺钛蓝宝石飞秒激光器的谐振腔布置有平行平面腔、环形腔、折叠腔等多种形式[95]。其中"X"形谐振腔光学元件布置合理,空间利用率较高。本实验系统采用的是"X"形四镜折叠腔,如图 3.5 所示。

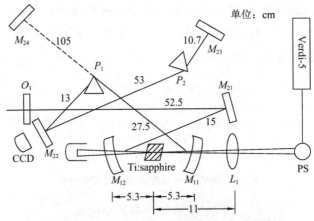

L—聚焦透镜；　M—反射镜；　O—输出境；　P—色散棱镜

图 3.5　"X"形四镜折叠飞秒激光腔

图 3.5 中，7 mm 长的掺钛蓝宝石晶体位于小腔内，在小腔的两端对称放置两块经双面镀膜后具有高透 532 nm 泵浦激光、高反 800 nm 激发荧光功能的曲面镜 M_{11} 和 M_{12}。该谐振腔小腔折叠角（曲面镜与晶体倾斜角）为 20°。激光器 Verdi-5 作为泵浦源。光束升降器 PS 将泵浦激光的偏振方向由垂直改变为水平方向，激光束高度也同时被调整到与谐振腔一致。焦距为 10 cm 的平凸镜 L_1 将水平偏振方向的泵浦激光聚焦，聚焦激光束穿过曲面镜 M_{11} 实现对掺钛蓝宝石晶体的泵浦。掺钛蓝宝石晶体受激后发射出中心波长为 800 nm 的激发荧光，一部分荧光被曲面镜 M_{12} 反射后，再被单面镀膜的具有高反 800 nm 激发荧光功能的平面镜 M_{21} 反射至飞秒激光输出镜 O_1；另一部分荧光被曲面镜 M_{11} 反射后，经过单面镀膜 800 nm 高反射率平面镜 M_{22}、具有群速色散补偿功能的石英棱镜 P_1 和 P_2 后到达反射镜 M_{23}。在 M_{22} 后放置的 CCD 主要用于检测谐振腔内激光振荡光斑的形状和位置，以精确调整各光学元件的位置。

（3）掺钛蓝宝石飞秒脉冲激光器的性能

超快激光脉冲的脉冲脉宽 τ 和重复频率 f 是两个最为重要的参数。使用光电二极管测试电路和响应速度为 300 MHz 的数字示波器测得飞秒激光脉冲重复频率为 80 MHz，利用 409 型自相关仪测得飞秒脉冲的脉宽为 80 fs。测试结果如图 3.6 所示。

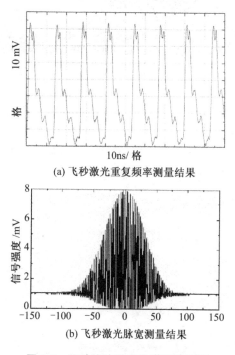

(a) 飞秒激光重复频率测量结果

(b) 飞秒激光脉宽测量结果

图 3.6　飞秒脉冲激光性能测试结果

若飞秒脉冲激光的中心波长设置为 800 nm，经显微物镜聚焦后，即可在激光焦点附近实现 GW/cm^2 量级甚至 TW/cm^2 量级的瞬时激发光强，能够满足双光子激发荧光或者光致聚合反应的需要。实验中使用的飞秒激光系统实物如图 3.7 所示。

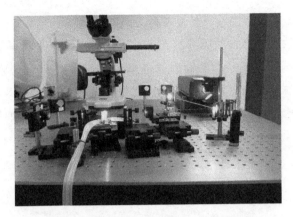

图 3.7 掺钛蓝宝石飞秒激光系统实物图

3.2.3 激光共焦光路

（1）共焦原理

共焦光路[96]原理图如图 3.8 所示。光源发出的光通过分束器并经物镜后聚焦到被加工材料的某一层面上。如果被加工材料具有光致变色或者光致漂白的特性，受到双光子激发就会产

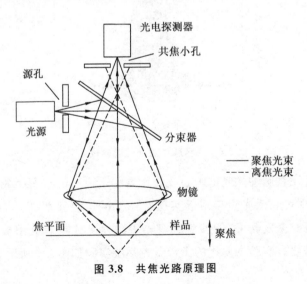

图 3.8 共焦光路原理图

生荧光信号,荧光经物镜聚焦到共焦小孔。因共焦小孔和物镜焦面处于共轭位置,只有焦点处发出的光才能进入光电探测器,而非焦面的荧光会被共焦小孔阻挡。计算机对光电探测器获取的荧光信号进行处理后,即可得到被加工材料的荧光图像,因此共焦显微镜对厚样品具有光学断层成像的能力。

（2）光路结构

实验中使用的飞秒激光微加工系统的光路部分主要包括光路传输单元、实时监测单元和共焦成像单元,如图 3.9 所示。由于采用了无限远光学系统,物镜到管镜之间为平行光,便于实验中增加和更换附件。无限远光学系统是指像面位置无限远,中间像面通过管镜或者透镜产生,通过物镜后的光是平行的。系统中重要的光学元件性能参数如表 3.1 所示。

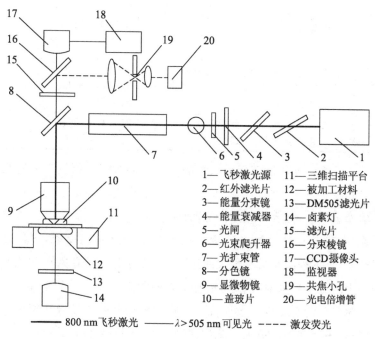

1—飞秒激光源　　11—三维扫描平台
2—红外滤光片　　12—被加工材料
3—能量分束镜　　13—DM505滤光片
4—能量衰减器　　14—卤素灯
5—光闸　　　　　15—滤光片
6—光束爬升器　　16—分束棱镜
7—光扩束管　　　17—CCD摄像头
8—分色镜　　　　18—监视器
9—显微物镜　　　19—共焦小孔
10—盖玻片　　　　20—光电倍增管

—— 800 nm飞秒激光　　—— λ>505 nm可见光　---- 激发荧光

图 3.9　飞秒激光微加工系统共焦光路图

表 3.1 飞秒激光双光子微加工系统主要光学元件性能参数表

元件名称	性能参数	数量	作用	元件产地
红外滤光片	材料：K9；尺寸：25.4±0.15 mm；730～1 000 nm高透；400～700 nm高反	1	去除飞秒激光以外的杂光	上光所
能量分束镜	材料：K9；尺寸：25.4±0.15 mm；多层介质增透膜；T/R:50/50%±5%	1	提取部分激光进行其他实验研究	大恒光学
能量衰减器	尺寸：Ø52 mm；NiCrFe减光膜＋多层增透膜；光密度线性偏差：±7%	1	按实际要求调节入射激光能量	大恒光学
保护银反射镜	材料：K9；尺寸：25.4±0.15 mm入射波长＞0.45 μm 时，R＞95%	3	实现飞秒光束转向、爬高	大恒光学
光扩束管	前端透镜Ø16 mm，后端透镜Ø6 mm；总长 54 mm，放大倍数 2.66	1	实现飞秒光束的准直和放大	大恒光学
二向分色镜	材料：K9；尺寸：32×24 mm；45°高反 750～850 nm，高透 400～700 nm	1	分离飞秒激光、观测光和激发荧光	上光所
显微物镜	消色差，放大倍数 100×；数值孔径 $NA＝1.25$（油浸）	1	对入射飞秒激光进行强聚焦	江南光电

该系统光路能够保证入射的飞秒脉冲激光经物镜后具有良好的聚焦质量和合适的激发能量。为了防止微加工过程中产生单光子激发，光路中加入了红外滤光片，并且呈布儒斯特角放置，平行于入射面的飞秒激光振动分量完全不能反射，可以使800 nm飞秒激光具有最大的透过率，同时也可以避免0°放置时产生的寄生反射对飞秒激光谐振腔的稳定性带来严重影响[65]。二向分色镜既可以有效地将飞秒脉冲激光反射至显微物镜进行聚焦，还能够保证可见光透过并进入到CCD，实验人员可以通过

成像对物镜像平面进行观测。对于某类光致变色材料或者光致漂白材料，受到双光子激发会产生荧光信号，荧光信号能够通过分色镜后被分束棱镜反射至光电倍增管的接收面上，光电倍增管的电压信号就可以利用示波器显示出来。系统还可以对制作完成的微器件进行逐层扫描，将不同层面上辐射出的荧光信号通过计算机处理后进行三维成像。光路中采用了大数值孔径物镜，不仅可以提高加工系统的分辨率，还能对脉冲能量在空间上进一步压缩，有效保证双光子激发效应的发生。

3.2.4　曝光控制系统

飞秒激光微加工实验系统曝光控制模块的功能主要是精确控制飞秒激光光束的通断和被加工材料的曝光位置，实现这些功能的单元就是图 3.9 共焦光路中的光闸（光路开关）和三维扫描平台。计算机控制三维扫描平台带动被加工材料进行扫描运动，当被加工材料运动到需要曝光的位置时，打开光闸（光闸的开关控制由计算机完成）对该点进行曝光。下面对实验系统的光闸和三维扫描平台分别进行介绍。

（1）光闸

在常见的光学仪器、光电检测系统中，应用较为广泛的光闸有声光调制式光闸、液晶光闸和电磁式光闸。声光调制式光闸是利用声波在透明介质中传播时引起光弹效应来实现光路的通断。当超声通过透明介质时，由于光弹效应将超声波的调制应变耦合到光学折射率上，该材料就相当于相位光栅。当一束光入射到该光栅时，部分光强会衍射偏离光束射向另一个或多个离散方向。声光调制式光闸在激光直写设备中已有成功应用。声光调制式光闸带有超声波发生器和控制器，成本偏高，而且由于飞秒激光瞬间功率很高，透明介质在长时间使用中较易损坏，因此声光调制式光闸不是十分适合在飞秒激光微加工系统中使用。液晶光闸是利用液晶在电场中的扭转向列效应实现光路的通断。对于常白模式的液晶光闸,在未加驱动电压的情况下,液晶分子呈扭曲排列,来自光源的自然光中的线偏振光到达输出面时偏振面旋转 90°,顺利通过光闸。在施加足够电压的情况下,液晶分子的扭曲结构被破坏,变为均匀排列,线偏振光由于不再旋转而被关断。常黑模式的液晶光闸的工作过程正好与常白模式相反。液晶光闸具有响应速度快、控制方便等特点,在光学成像仪器中应用广泛。但常见的液晶光闸对波长大于 800 nm 的红外光截止能力很差,因此并不适合在本实验系统中应用。

本实验系统采用电磁式光闸作为光路开关。电磁式光闸是利用电磁效应使机构的相应部件产生直线或者旋转运动,带动反射镜或者不透明物体完成插入和退出光路的运动,从而实现光束的通断。光闸主要包含两个部分,一是上海通用扫描公司生产的 SGS6008S 型振镜扫描器,二是自制的铝板挡块。图3.10 为实验系统的电磁式光闸实物图。图 3.11 为自制挡块的结构图。

图 3.10　电磁式光闸实物图

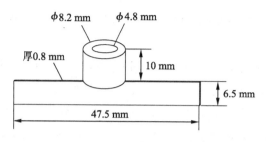

图 3.11　光闸挡块结构图

系统采用计算机的 5 号（信号地）和 7 号（RTS 请求发送信号）串口引脚构成控制回路，外接合适的外围电路后输出 10 V 模拟电压信号，电压信号输入专用的 SGS6008-1D 型伺服控制器控制光学扫描器工作。实验中根据光闸通断的要求计算出挡板偏转角度，并转换为相应的电平信号，在控制软件中对串口相应的引脚发出电平信号即可通过伺服控制器控制光学扫描器实现光闸的通断。该电磁式光闸的开启延时小于 2 ms，截断延时小于 1.2 ms，能够满足响应速度快和长时间稳定工作的要求。

（2）三维扫描平台

三维扫描平台需要有纳米级定位精度，本实验系统的三维扫描平台选用的是德国 PI 公司型号为 P-527.3CL 的 PZT 三维移动平台，配合 E-710 型数字 PZT 控制器，可以达到 X-Y 方向（横向）2 nm、Z 方向（轴向）0.1 nm 的闭环扫描分辨率，扫描范围为 200 μm×200 μm×20 μm。该平台的局限性表现在以下两个方面：一是有限的扫描范围制约了大器件特别是阵列器件的加工；二是 PZT 控制器通过串口 COM1 与计算机相连，串行控制命令只能独立驱动各轴移动而不能实现扫描平台的多轴联动控制，无法满足复杂形貌的微器件的加工需求。为此，实验人员对原有平台进行了改造。具体的改造方案如下：

① 采用行程为 20 mm×20 mm×10 mm 的 MS11.DG＋

H101 运动平台代替原有的 P-527.3CL 运动平台,实现了大行程扫描。

　　② 对实验系统的机械结构进行了改造。设计并制作了高度为 355 mm、宽度为 330 mm 的铝合金支架,支架上方放置显微镜,下方可以根据加工需要安放 P-527.3CL 扫描平台、MS11.DG＋H101 扫描平台或者其他类型的扫描平台;制作了高度可调的通用载物台,可以补偿使用不同扫描平台带来的小范围高度差。新的机械结构能够实现不同扫描平台的快速更换,系统的加工范围更加灵活,可以实现多样化加工,如图 3.12 所示。

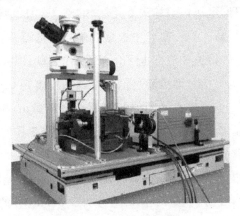

图 3.12　改造后的实验系统

　　③ 对曝光系统的电气控制模块进行了调整。采用美国 GALIL 公司的 DMC1842 运动控制卡,分别控制伺服和步进电机驱动器,控制 MS11.DG＋H101 平台实现空间三维连续扫描。*X-Y* 方向分别使用安川 SGMAH-A3A1A61 型伺服电机驱动。控制卡以模拟电压方式将位置伺服控制信号输出到伺服电机驱动器,以 RENISHAW 公司的直线光栅尺(分辨率为 10 nm)的测量数值作为位置反馈,控制卡还能输出伺服使能、报警清除等开关量信号。*Z* 方向使用步距角为 1.8°的步进电机驱动,控制卡

发送脉冲指令控制电机的转速和位置,并可以根据直线光栅尺对 Z 轴实际位置的测量结果进行误差补偿。

通过对微加工实验系统的改造,其加工性能得到了较大的提高,具体表现在以下三个方面:一是增大了扫描行程,可以实现大器件特别是阵列器件的激光加工;二是可以使用不同的三维扫描平台进行微器件制备,加工对象更为多样;三是新三维扫描平台实现了空间三维连续扫描,可以增加多种扫描策略,如针对圆对称光学微器件的环形扫描,针对复杂曲线采用空间线性、二次抛物线等方式的拟合扫描等。

3.2.5　实时监测系统

飞秒激光微加工实时监测系统的主要功能有两个:一是使操作者在第一时间了解加工状态,及时调整加工工艺;二是可以实现对激光焦点位置的精确定位。为了能够清晰、细致、实时地反映加工过程,监测系统需要有足够的放大率。实时监测系统实物如图 3.13 所示。

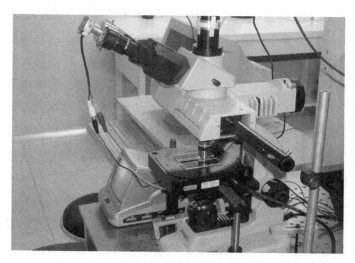

图 3.13　实时监测系统实物图

在被加工材料下方放置卤素灯,从材料下方透射过来的卤素灯光将微加工的实际状态在 CCD 中成像,就可以在监视器中直接观测到显微镜目镜中加工样品的透射像,判断当前加工条件是否合适,实现对加工过程的实时监控,有助于提高加工质量和加工效率。为了防止卤素灯 400 nm 附近的光谱成分诱导被加工材料发生单光子激发,光路中使用了 DM505 滤光片过滤灯光。光路中的另一滤光片(图 3.9 中的 15)是为了防止飞秒脉冲激光在盖玻片和其他器件上的散射对系统成像造成的干扰。

通过实时监测系统可以及时了解微器件的加工状况,如果微加工过程中出现结构变形、局部漂移、烧蚀等不良现象,实验人员可根据出现的各类情况及时调整微器件的结构,优化加工工艺参数,极大地提高微器件加工的成功率。

在开始实验时,通常将显微物镜聚焦形成的光斑焦点定位在盖玻片和被加工材料的交界面上。这样盖玻片就成为微器件"生长"的基础,而随后的加工层面不断依次叠加在初始层面上,这样的加工工艺能够在很大程度上减小微器件的变形。由于微器件与盖玻片的紧密结合,在后续的显影过程中,加工好的微器件也不会被显影液冲洗掉。但是如果没有实时监测系统,就无法确定光斑焦点是否在盖玻片与被加工材料的交界面上,焦点过高(光斑焦点未落到被加工材料中)或者焦点过低(光斑焦点虽在材料中却远离盖玻片下表面)均会导致实验失败。

实际操作时,可以先将激光焦点定位到被加工材料内部,通过 CCD 观察直线的线条形状和表面质量,以此来判断飞秒激光能量是否合适。如果出现不良现象,可以使用能量衰减器调节激光功率,直至加工质量达到要求为止。当飞秒激光功率确定后,再调节载物台的高度逐渐将光斑焦点位置移到盖玻片的下表面。利用监视系统进行激光功率和焦点位置调整的 CCD 照片如图 3.14 所示。

由图 3.14a 可知,最上端的一条直线因为飞秒激光激发功率过大,线条出现断裂和烧蚀现象,这时可以逐渐调节能量衰减器的偏转角度,直至找到最佳的激发功率。由图 3.14b 可知,最下方的直线由于光斑焦点过低,直线不能与盖玻片紧密结合,出现"卧倒"现象,这时可以调整载物台高度,使光斑焦点位置逐步靠近盖玻片的下表面。

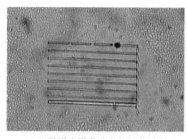

(a) 飞秒激光激发功率的调节过程　　　　(b) 加工光斑焦点的定位过程

图 3.14　利用监测系统调节激光能量和焦点位置的 CCD 图

3.2.6　软件系统

飞秒激光微加工实验系统的核心控制软件采用 Visual C++ 6.0 开发,通过实体建模、离散分割、生成路径、输出指令等几个步骤实现规定的各项功能。其主要功能包括微器件三维实体建模、实体模型的离散分割、生成扫描轨迹路径数据、将所获数据转换为加工控制指令并输出至控制器、扫描路径检测和加工过程仿真等。此外,对于微加工过程中的实时监测和共焦扫描成像等可选功能,也需要编制相应的软件程序加以实现。软件系统构成如图 3.15 所示。

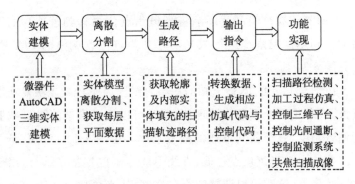

图 3.15　飞秒激光微加工软件系统构成

软件设计采用 Windows 的多线程技术。实验者线程在后台进行三维扫描平台运动过程的操作、光闸的开关操作以及信号的采样、图像的实时显示等工作。主线程主要利用人机交互界面实现扫描范围、扫描速度、曝光时间等相关工作参数的调整。采用多线程技术可以在微加工过程或者图像扫描时，根据工作的实际状态随时调整优化工作参数，获得更为理想的加工或者成像效果。

（1）实体建模

AutoCAD（autodesk computer aided design）是 Autodesk（欧特克）公司首次于 1982 年开发的计算机辅助设计软件，用于二维绘图、详细绘制、设计文档和基本三维设计，现已经成为国际上广为流行的绘图工具。AutoCAD 可以创建 3D 实体及表面模型，并能对实体本身进行编辑，它为三维建模提供了线框模型、表面建模和实体建模等三种类型，利用这些类型能够进行三维微器件的设计和实体建模。为了实现对三维微器件实体模型的等高截交处理，还必须对其在 AutoCAD 软件上进行二次开发。AutoCAD 允许用户定制菜单和工具栏，并能利用内嵌语言 Auto Lisp，Visual Lisp，VBA，ADS，ARX 等进行二次开发。本实验使用的微加工实验系统选用 VBA 作为二次开发工具。可视化的 VBA 编程相对简单,与 AutoCAD 兼容性好,可充分利用 Windows 的资源和 AutoCAD 内的 Auto Lisp 命令。图 3.16 为利用 AutoCAD 创建的一个微齿轮三维实体模型。

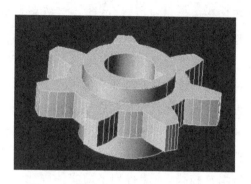

图 3.16　微齿轮三维实体模型效果图

（2）离散分割

在二次开发程序对创建的三维实体模型进行等高截交处理后,可以获得离散截交面的图形数据,使用 AutoCAD 提供的具有通用文件数据格式的.dxf 文件将离散截交面图形数据保存下来。微加工系统软件可以从中提取有用的信息,用于后续的图形数据处理和控制指令的生成。采用二次开发程序对图 3.16 所示的微齿轮进行等高截交处理后的效果如图 3.17 所示。

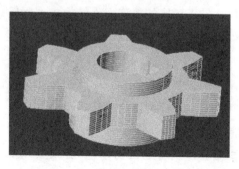

图 3.17　微齿轮三维实体模型等高截交处理效果图

（3）生成路径

对三维实体模型进行等高截交处理后，其轮廓被分割为很多形状各异的平面环和由内外轮廓构成的复合环。通过判断平面环的方向和复合环的相对位置，就能获得轮廓扫描轨迹的路径数据。实验中对于平面环方向的判断采用单环扫描轨迹的判别算法。由三维实体模型截交得到的复合环的相互关系存在包含和相离两种情况。通过判断某环上的一点是在另一环的内部还是外部就可以明确两环之间是包含还是相离关系。明确判断出各平面环的方向和复合环的相对位置后就可以得到实体模型轮廓的扫描轨迹路径。轮廓扫描完成后还需要对三维模型内部实体部分进行填充扫描，才能得到平面实体固化层。内部填充扫描一般采用行栅式或其他适合三维零件外形特点的扫描方法，如环形扫描、拟合扫描等。改造过的实验系统实现了多轴联动下的空间三维连续扫描，为选择更精确的扫描方法提供了可能。

（4）输出指令

平面图形数据处理完毕后，利用软件对扫描轨迹路径数据进行转换，生成仿真代码，用于三维加工路径的检测和加工过程的仿真。经过扫描路径检测和加工过程仿真后，软件读取扫描轨迹数据文件，同时根据预先设定的 X, Y, Z 方向的扫描速度、比例系数和偏移量将读取的轨迹文件转换为实际输入到控制卡的指令。软件调用美国 GALIL 公司的 DMC1842 运动控制卡附带的库函数，用控制卡自带的语言编写与这些指令相匹配的控制代码以实现三维扫描平台移动、光闸通断、工作台回零、系统复位、报警消除、基本故障检测与操作等功能。

（5）功能实现

为了提高微器件制备的成功率，实验人员开发了扫描轨迹路径检测软件。在平面图形数据处理结束后，用检测软件对生成的扫描路径进行检测可以及时发现是否存在错误，避免后续数据处理及加工时出现错误。实验系统软件还增加了二维平面加工和三维立体加工的仿真模块，能够较为真实地展现整个微加工过程。二维平面加工仿真是利用 VC 的 MFC 功能开发的，而三维加工仿真则是利用 OpenGL 图形工具开发的。图3.18 为微齿轮的动态仿真效果。

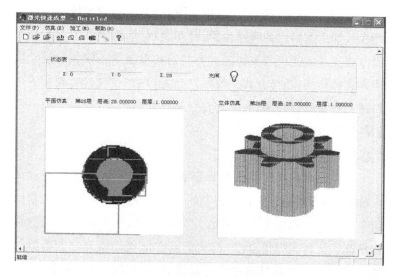

图 3.18　微齿轮加工仿真效果图

系统软件读取扫描轨迹数据文件，生成曝光控制系统的控制代码。实验中软件对计算机串口初始化，然后发出指令控制三维扫描平台的运动和光闸的通断，实现对被加工材料的曝光固化，完成微器件的制备。实验结束，系统软件发出信号驱动三维扫描平台和光闸恢复到初始状态。软件系统还能够控制 CCD 拍摄微加工的实际状态，通过监视器可以观测加工样品的透射像。此外，在进行荧光成像实验时，软件系统可以对光电倍增管的输出信号进行采样，将采样得到的数值转化为 .bitmap 文件格式的灰度值,并在计算机上显示实时图像。

3.3 微器件的制备

3.3.1 扫描方式

    基于飞秒激光双光子吸收效应的微器件制备,其实质就是控制飞秒脉冲激光焦点在被加工材料(样品)内按照预定轨迹移动,同时对焦点进行曝光的过程。因此,为了精确地控制飞秒激光在被加工材料内的曝光位置、时间及顺序,需要采用合适的扫描方式实现激光束与被加工材料间的相对运动。按相对运动实现方式的不同,扫描方式一般可以分为样品三维扫描、光束平面扫描+样品垂直扫描、光束垂直扫描+样品平面扫描、光束三维扫描等四种类型。

    (1)样品三维扫描

    样品三维扫描是指微器件制备中光路不发生变化,激光焦点位置固定,样品放置在高精度的三维扫描平台上,计算机输出指令驱动三维扫描平台按照预定轨迹运动,实现对样品的选择性曝光。平台的扫描范围、扫描精度和回程误差等性能参数对微器件制备的质量影响较大。系统的光路结构比较简单,各元器件之间不会相互影响。但若样品为液态或者胶态材料,三维扫描平台的移动会引起样品发生层流和扰动,对微器件的加工精度造成一定的影响。较早进行飞秒激光加工研究的 S. MARUO 等就是采用的这种扫描方式[97]。国内江苏大学[98]和本实验也是采用这种方式。样品三维扫描示意图如图 3.19

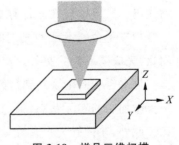

图 3.19 样品三维扫描

所示。

（2）光束平面扫描＋样品垂直扫描

光束平面扫描＋样品垂直扫描是指微器件制备中，显微物镜沿 Z 方向（轴向）固定，激光焦点在 X-Y 平面内扫描，样品放置在能够沿 Z 轴上下移动的一维移动载物台上，激光光束平面扫描配合样品垂直扫描实现微器件的三维制备。光束平面扫描＋样品垂直扫描示意图如图 3.20 所示。通常采用振

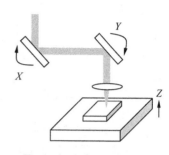

图 3.20　光束平面扫描＋样品垂直扫描

镜系统实现激光束的平面扫描。通过控制一对平行放置的振镜转动一定的角度，使入射激光束绕 X 轴和 Y 轴转动以实现激光焦点在样品内的平面扫描。这种方式扫描速度快，多用于焦点扫描范围较小的情况。因为，当焦点扫描范围增大，振镜系统偏转的角度加大，激光束偏离光轴的距离也会增加，将产生像差（尤其是球差），影响微器件的加工质量。中国科学院理化技术研究所有机纳米光子学实验室的段宣明课题组[73]和吉林大学孙洪波课题组[68]就是采用的这种扫描方式。

（3）光束垂直扫描＋样品平面扫描

光束垂直扫描＋样品平面扫描是指激光束沿 Z 轴上下移动，样品安置在二维扫描平台实现 X-Y 平面的运动，光束垂直扫描配合样品平面扫描完成微器件的三维制备。光束的轴向扫描通过一个一维的物镜升降台实现。这种情况下，扩束后的飞秒激光必须平行入射到物镜，这样才能保证显微物镜沿 Z 轴移动而不影响激光束焦点的位置和光斑大小。光束垂直扫描＋样品平面扫描示意图如图 3.21 所示。

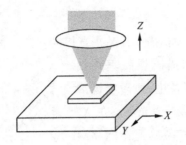

图 3.21　光束垂直扫描＋样品平面扫描

（4）光束三维扫描

光束三维扫描是指样品保持固定，激光束按照预定轨迹移动，在相应位置对样品进行曝光，实现微器件的三维制备。这种扫描 X-Y 方向采用振镜系统实现，Z 方向采用一维物镜升降台实现。由于像差和离轴现象的存在，这种扫描方式的稳定性和扫描精度不是很高，在实际加工中并不常用。当然在样品为溶液或者其他易流动材料时，样品最好能在整个加工过程中都保持相对静止，这种扫描方式就具有特殊的应用价值。光束三维扫描示意图如图 3.22 所示。

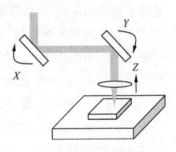

图 3.22　光束三维扫描

3.3.2　曝光方式

采用合适的扫描方式控制飞秒激光焦点在样品内相对移动到预定的位置后，就可以打开光闸，对样品进行曝光。基于双光子吸收效应，材料发生化学或物理变化需要较高的激光功率密度。激光光源和曝光方式的选择对焦点处激光是否能够达到可引起材料双光子吸收的功率密度就显得较为重要。飞秒激光双光子微加工曝光方式一般有双光束垂直相交曝光、单聚焦光束曝光、多光束干涉曝光等。

（1）双光束垂直相交曝光

双光束垂直相交曝光方式是指在微加工过程中，光源发出的两束激光从相互垂直的两个方向入射，在焦点处相交，激发光强叠加实现样品的双光子激发。这种曝光方式要求微器件制备过程中两束激光在时间和空间上完全重合，以达到双光子激发要求的辐射强度。双光束垂直相交曝光方式可以获得较高的 Z 向加工分辨率，即使以脉宽较大的激光束作为光源也能够达到很高的激发效率。但是由于这种曝光方式对系统结构和光路的调整有很高的要求，所以目前使用这种方式的研究机构不是很多。图 3.23 为这种曝光方式的工作原理图。

（2）单聚焦光束曝光

图 3.24 为单聚焦光束曝光方式的工作原理图。它是利用单一的超快脉冲光束（通常为飞秒脉冲激光）经物镜聚焦后在样品内的指定位置实现双光子激发。采用单聚焦光束曝光的双光子微加工系统结构相对简单、易于操作、稳定性较好，加工系统易维护，功能部件的更换也很方便。因此，大多数研究机构都采用这种曝光系统。本实验使用的微加工实验系统采用的就是这种方式。

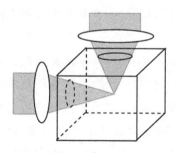 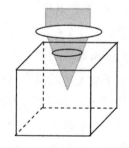

图 3.23 双光束垂直相交曝光   图 3.24 单聚焦光束曝光

（3）多光束干涉曝光

多光束干涉曝光是指采用多束连续的聚焦激光形成干涉，激光束之间呈圆周等角度分布，在干涉后形成的光强峰值区域内就能诱发双光子吸收。为了实现显著的双光子激发，一般需要较高的激光输出功率，对材料的双光子吸收能力也有较高的要求。这种曝光方式在三维信息存储和光子晶体制备中应用较多。

3.3.3 影响飞秒激光微加工质量的因素分析

通过对飞秒激光双光子微加工机理、加工系统组成及其工作原理的介绍，可以知道飞秒激光微加工的实质就是激光束在材料内相应位置进行曝光形成固化单元，同时按预设轨迹相对运动，使固化单元逐渐由点到线然后到面，最终得到所需要的形状。因此，基于双光子吸收效应加工得到的三维微器件实际上是由数量巨大的固化单元相互覆盖叠加而成的。所以固化单元（焦点光斑）的形状、大小和相互之间的覆盖率将直接影响微器件制备的质量。显然，提高加工点激发光强、减小焦点光斑尺寸、增大固化单元的覆盖率是飞秒激光微加工质量优化的重要举措。

首先，激光束是在材料内部进行曝光，与在材料表面曝光的不同之处在于，飞秒激光经过了两层不同的介质（空气和被加工材料），而两种介质折射率的不同会产生像差，像差会导致材料内部加工点光斑的激发光强减弱、光斑尺寸增大，改变固化单元的形状和大小，进而影响加工精度。因此，对由于两种介质折射率不同产生的像差进行理论研究并提出合适的补偿方法，以期提高加工点激发光强，改善光斑形貌，对提高微器件加工质量是有益的。

其次，加工点光斑的大小理论上是由激光波长、物镜的数值孔径等因素决定的。由于受到透镜衍射效应的制约,加工点光斑尺寸最多只能降到光波波长的二分之一,这已是瑞利分辨的极限。同时受激光束腰和透镜衍射效应的影响,加工点光斑的光场强度在空间呈椭球形分布。这两个因素会导致飞秒激光微加工中,沿轴向的不同加工层之间的层间距增加,横向同一加工平面的加工点分布密度减小,降低加工分辨率。因此,采用合适的光束三维整形技术,改善加工点光斑非对称性形状并有效减小光斑尺寸,实现超分辨率加工,对提高微器件的加工精度和表面质量,保证其装配精度和功能具有实际意义。

第三,固化单元之间的覆盖率将直接影响同一加工层相邻点之间和不同加工层之间的连接强度。减小扫描步距能够增大加工的覆盖率,改进微加工质量,但同时也会因为加工点数的成倍增加而降低加工效率。因此,在实际加工中需要根据加工系统的工艺参数和材料特性合理确定扫描步距,在确保加工质量的前提下尽可能提高加工效率。

综上所述,围绕飞秒激光微加工质量优化的像差补偿、光斑三维整形及扫描步距优化等若干关键问题开展理论和实验研究,对改善微器件制备精度,促进飞秒激光微加工技术的产业化能够提供一定的帮助。

3.4 本章小结

本章主要介绍了飞秒激光双光子微加工机理和微加工系统的基本组成及系统结构。首先,简要介绍了飞秒激光与物质相互作用的过程,阐述了飞秒激光双光子诱发光敏材料产生非线性吸收的机理,介绍了基于双光子吸收效应的飞秒激光微加工的原理及微器件制备的过程。其次,对实验使用的中国科学技术大学微纳米工程实验室的飞秒激光微加工实验系统各关键模块进行了详细说明，主要包括飞秒脉冲激光器、激光共焦光路、曝光控制系统、实时监测系统、软件系统等的组成及功能，介绍了飞秒激光微加工采用的扫描方式及曝光方式。最后还对影响飞秒激光微加工质量的主要因素进行了分析。

第四章

折射率不同对微加工的影响及其补偿方法

4.1 引言

飞秒激光双光子微机加工中,由于双光子吸收的非线性,因此在对某一层进行逐点扫描加工时不会影响其相邻层的形貌。但在三维加工过程中,为使激光加工区域能够被精确地控制在激光焦点处,需要通过物镜将飞秒脉冲激光聚焦于被加工材料的内部。这就意味着激光在传播过程中经过两层不同的介质,即空气和被加工材料。与在单一介质中形成的光斑相比,由于空气折射率和被加工材料的折射率不同,这导致加工点光斑的激发光强和尺寸产生变化,这种变化对加工精度会造成一定的影响。因此从理论和实验上研究由于折射率不同对微加工精度造成的影响,进而提出有效的补偿方法,对提高微加工精度具有良好的现实意义。

4.2 光在不同介质中传播的理论分析

基于衍射理论,飞秒激光在被加工材料内部的逐点扫描可以看成是激光在两层介质中的传播,其实质就是电磁场在分层介质中的传播问题。TOROK 等[99]已经对其有了较为完善的描述。TOROK 等首先推导出前两层介质之间介面上的电磁场分布函数,随后在单独的平面波上运用菲涅尔公式推导出该电磁场在第二分层介质内的分布函数,计算出该分布函数在第二、第三层介质介面间的数值,并以此作为边界条件推导出第三层介质内的分布函数,以此类推就可获得第 N 层介质内的电磁场分布函数。以下简单介绍 TOROK 等的推导过程和相应的结论。

假定位于物方无限远处的光源辐射出线偏振单色相干光,经物镜聚焦产生会聚球面波,其像空间若为单一介质,以光轴方向为 Z 轴,高斯焦点为坐标原点 O 建立空间坐标系,如图 4.1 所示。

TOROK 等推导出了像空间任意一点 P 的电场强度表达式:

$$E(P) = -\frac{ik}{2\pi}\iint_{\Omega} \frac{\boldsymbol{a}(s_x, s_y)}{s_z} \exp\{ik[\Phi(s_x, s_y) + \hat{\boldsymbol{s}} \cdot \boldsymbol{r}_P]\} \mathrm{d}s_x \mathrm{d}s_y$$

$$(4.1)$$

式中,$\hat{\boldsymbol{s}} = (s_x, s_y, s_z)$,为像空间中沿光线的单位矢量;$\boldsymbol{r}_p = (x, y, z)$,为 P 点的位置矢量;$\boldsymbol{a}$ 为电场强度矢量;$\Phi(s_x, s_y)$ 为波前像差函数;$k = 2\pi/\lambda$,为入射光波在介质中的波数,λ 为光波长;Ω 是所有光线形成的立体角。

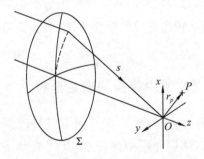

图 4.1 光在单一介质内聚焦的示意图

而当光线经物镜会聚后,若其像空间存在两种不同介质,光的传播会发生改变,如图 4.2 所示。

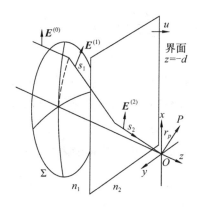

图 4.2　光经物镜会聚后在两种不同介质中的传播示意图

此时,像空间被一个垂直于光轴的平面分为介质 1 和 2 两层,其折射率分别为 n_1 和 n_2。同样以高斯焦点为原点建立坐标系,则在介质 1 与介质 2 的交界面处($z=-d$,d 是两介质交界处与焦点之间的距离,称为焦点深度)入射光的电场强度为

$$E_1(x,y,-d) = -\frac{ik_1}{2\pi}\iint_{\Omega_1} \frac{a(s_{1x},s_{1y})}{s_{1z}} \exp ik_1[s_{1x}x +$$

$$s_{1y}y - s_{1z}d]\mathrm{d}s_{1x}\mathrm{d}s_{1y} \tag{4.2}$$

在第二介质内的电场强度为

$$E_2(x,y,z) = -\frac{ik_2^2}{2\pi k_1}\iint_{\Omega_1} T^{(e)} \frac{a(s_{1x},s_{1y})}{s_{1z}} \exp[-id(k_1s_{1z} - k_2s_{2z})] \times$$

$$\exp(ik_2s_{2z}z)\exp[ik_1(s_{1x}x + s_{1y}y]\mathrm{d}s_{1x}\mathrm{d}s_{1y} \tag{4.3}$$

式中,$T^{(e)}$ 是与入射角、折射率 n_1 和 n_2 相关的一个函数。

令光在进入第二种介质时的入射角和折射角分别为 φ_1 和 φ_2,$\varphi_1 = \arcsin(NA/n_1)$,$\varphi_2 = \arcsin[n_1\sin(\varphi_1)/n_2]$,$NA$ 为物

镜数值孔径。在假定系统满足阿贝正弦条件的状态下,TOROK
等推导出了第二介质内电场强度的极坐标表达式:

$$E_2(r_p, -d) = -\frac{ik_2^2}{2\pi k_1}\iint_{\Omega_1} c(\varphi_1, \varphi_2, \theta)\exp\{ik_o[r_pK +$$

$$\Psi(\varphi_1, \varphi_2, -d)]\} \times \sin\varphi_1 d\varphi_1 d\theta \tag{4.4}$$

式中,$c = T^{(e)}a$,为电场强度矢量;k_0 为光在真空中的波数;$K = \pi n_2^2 f l_0 / \lambda n_1$;$f$ 为物镜焦距;l_0 为光强系数;$\Psi(\varphi_1, \varphi_2, -d) = -d(n_1\cos\varphi_1 - n_2\cos\varphi_2)$。

由此可以得到电场强度各分量的表达式:

$$e_{2x} = \frac{iK}{2\pi}\int_0^\alpha\int_0^{2\pi}(\cos\varphi_1)^{\frac{1}{2}}(\sin\varphi_1)[(\tau_p\cos\varphi_2 + \tau_s) +$$

$$(\cos 2\theta)(\tau_p\cos\varphi_2 - \tau_s)] \times$$

$$\exp\{ik_o[r_pK + \Psi(\varphi_1, \varphi_2, -d)]\}d\varphi_1 d\theta \tag{4.5}$$

$$e_{2y} = \frac{iK}{2\pi}\int_0^\alpha\int_0^{2x}(\cos\varphi_1)^{\frac{1}{2}}(\sin\varphi_1)(\sin 2\theta)(\tau_p\cos\varphi_2 - \tau_s) \times$$

$$\exp\{ik_o[r_pK + \Psi(\varphi_1, \varphi_2, -d)]\}d\varphi_1 d\theta \tag{4.6}$$

$$e_{2z} = -\frac{iK}{\pi}\int_0^\alpha\int_0^{2x}(\cos\varphi_1)^{\frac{1}{2}}(\sin\varphi_1)\tau_p\sin\varphi_2\cos\theta \times$$

$$\exp\{ik_o\lfloor r_pK + \Psi(\varphi_1, \varphi_2, -d \rfloor\}d\varphi_1 d\theta \tag{4.7}$$

式中,τ_p 为菲涅尔系数;$\tau_p = \dfrac{2\sin\varphi_2\cos\varphi_1}{\sin(\varphi_1 + \varphi_2)\cos(\varphi_1 - \varphi_2)}$;$\alpha$ 为物镜
数值孔径 NA 决定的最大收敛角,$\alpha = \arcsin(NA)$。

对光学系统坐标进行归一化处理得到:

$$\nu = k_1(x^2 + y^2)^{\frac{1}{2}}\sin\alpha = k_1 r_p\sin\varphi_p\sin\alpha$$

$$u = k_2 z\sin^2\alpha = k_2 r_p\cos\varphi_p\sin^2\alpha \tag{4.8}$$

对式(4.5)、式(4.6)中的 θ 积分后可以得到如下的电场各分
量表达式:

$$e_{2x} = -iK[I_0^{(e)} + I_2^{(e)}\cos(2\theta_p)] \tag{4.9}$$

$$e_{2y} = -iKI_2{}^{(e)}\sin(2\theta_p) \tag{4.10}$$

$$e_{2z} = -2KI_1{}^{(e)}\cos\theta_p \tag{4.11}$$

式中，

$$I_0{}^{(e)} = \int_0^a (\cos\varphi_1)^{\frac{1}{2}}(\sin\varphi_1)\exp[ik_0\Psi(\varphi_1,\varphi_2,-d)] \cdot$$

$$(\tau_s + \tau_p\cos\varphi_2) \times J_0\left(\frac{\nu\sin\varphi_1}{\sin\alpha}\right)\exp\left(\frac{iu\sin\varphi_2}{\sin^2\alpha}\right)d\varphi_1 \tag{4.12}$$

$$I_1{}^{(e)} = \int_0^a (\cos\varphi_1)^{\frac{1}{2}}(\sin\varphi_1)\exp[ik_0\Psi(\varphi_1,\varphi_2,-d)]\tau_p(\sin\varphi_2) \times$$

$$J_1\left(\frac{\nu\sin\varphi_1}{\sin\alpha}\right)\exp\left(\frac{iu\cos\varphi_2}{\sin^2\alpha}\right)d\varphi_1 \tag{4.13}$$

$$I_2{}^{(e)} = \int_0^a (\cos\varphi_1)^{\frac{1}{2}}(\sin\varphi_1)\exp[ik_0\Psi(\varphi_1,\varphi_2,-d)](\tau_s -$$

$$\tau_p\cos\varphi_2) \times J_2\left(\frac{\nu\sin\varphi_1}{\sin\alpha}\right)\exp\left(\frac{iu\cos\varphi_2}{\sin^2\alpha}\right)d\varphi_1 \tag{4.14}$$

式中，τ_s 为菲涅尔系数，$\tau_s = \dfrac{2\sin\varphi_2\cos\varphi_1}{\sin(\varphi_1+\varphi_2)}$；$J_n$ 是第一类 n 阶贝塞尔函数。

由此可得介质 2 内任意一点 P 的光强分布函数为

$$I(r_p,\theta_p,z_p) = |e_{2x}{}^2| + |e_{2y}{}^2| + |e_{2z}{}^2|$$
$$= K^2[|I_{0e}|^2 + 4|I_{1e}|^2\cos^2\theta_p + 2\cos 2\theta_p\text{Re}(I_0I_2{}^*)] \tag{4.15}$$

$I_2{}^*$ 为 I_2 的共轭复数。

如果忽略物镜的去极化作用及向量作用，由式(4.15)可得焦点光斑的光强分布函数为

$$I(r,z) = \left| \begin{array}{l} \int_0^a (\cos \varphi_1)^{\frac{1}{2}} (\sin \varphi_1) \exp[ik_0 \Psi(\varphi_1, \varphi_2, -d)] \times \\ (\tau_s + \tau_p \cos \varphi_2) J_0(k_0 r_p n_1 \sin \varphi_1) \\ \exp(ikz_p n_2 \cos \varphi_2) d\varphi_1 \end{array} \right|^2$$

$$(4.16)$$

飞秒激光三维加工时,激光束需经过两层不同的介质(如空气和被加工材料)。由以上理论分析可知,由于空气折射率和被加工材质的折射率不同,激光束在被加工材料中的焦点光斑的强度分布与在单一介质中的焦点光斑强度分布有着明显的不同。因此加工点的大小和形状与光强分布函数有着密切的联系。

4.3 加工点光斑强度的数值模拟

4.3.1 不同加工深度焦点光斑光强分布

选取与微加工实验一致的加工系统参数(飞秒激光波长800 nm,空气折射率 $n_1 = 1.00$,被加工材料折射率 $n_2 = 1.56$,物镜 $NA = 0.85$)对不同加工深度($d = 0, 20, 40, 60, 80, 100~\mu m$)的焦点光斑光强分布进行数值模拟,结果如图4.3所示。

由图4.3可知,随着加工深度的逐渐增加,焦斑光强发生明显衰减,焦斑尺寸在轴向和横向(垂直于光轴方向)的变化有所不同。当加工深度大于20 μm后,轴向光强出现一个次高峰,随着加工深度的增大,主峰峰值逐渐减小,次高峰逐渐增多。因此轴向半高宽(FWHM,峰值高度一半时的峰宽)随加工深度的增加迅速增加,这意味着加工点光斑轴向尺寸增大,而光斑横向尺寸的变化不十分明显。

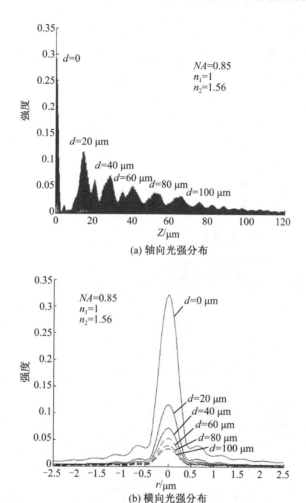

(a) 轴向光强分布

(b) 横向光强分布

图 4.3　不同加工深度焦斑光强分布比较图

4.3.2　不同折射率材料焦点光斑光强分布

保持其他参数不变,对不同折射率的被加工材料的焦点光斑光强分布进行数值模拟(以加工深度 $80~\mu m$ 为例),结果如图 4.4 所示。显然,材料折射率不同会对加工点光斑光强分布造成较大的影响。材料折射率增大,焦斑光强产生衰减,轴向尺寸增大。材料折射率与空气折射率之间的差异越小,焦斑光强分布的变形也会越小。

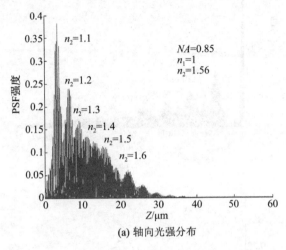

(a) 轴向光强分布

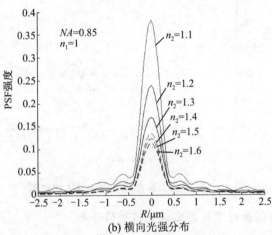

(b) 横向光强分布

图 4.4　加工深度 80 μm 时不同材料的焦斑光强分布比较图

4.3.3　不同数值孔径焦点光斑光强分布

同样的,若使用不同数值孔径($NA = 0.25, 0.45, 0.65, 0.85$)

的物镜,对被加工材料加工点光斑光强分布进行模拟(以加工深度 80 μm 为例),结果如图 4.5 所示。由图 4.5 可知,数值孔径增大,加工点光斑强度会随之增大,而轴向半高宽会明显减小。

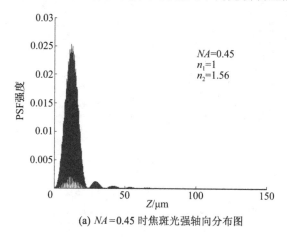

(a) $NA=0.45$ 时焦斑光强轴向分布图

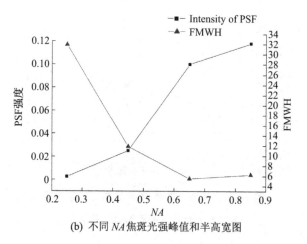

(b) 不同 NA 焦斑光强峰值和半高宽图

图 4.5　加工深度 80 μm 不同数值孔径物镜条件下焦斑光强轴向分布图

再分析使用不同数值孔径物镜在不同加工深度的情况,得到加工点光强的峰值和轴向半高宽的变化趋势如图 4.6 所示。

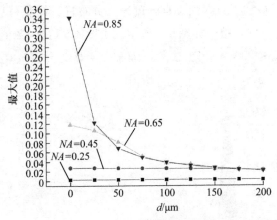

(a) 焦斑光强峰值变化趋势

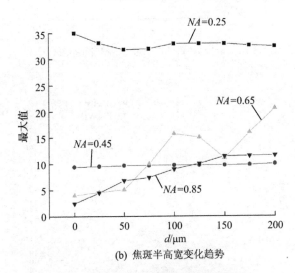

(b) 焦斑半高宽变化趋势

图 4.6 不同加工深度、不同数值孔径条件下
焦斑光强峰值和半高宽变化趋势图

由图 4.6 可知：

① 当 $NA = 0.25$ 时，光强峰值及其轴向半高宽随加工深度的变化较小，即使深度超过 $200~\mu m$，二者的变化率仅 2% 和

10％；但其光强峰值很小，轴向半高宽过大（大于 $30~\mu m$），显然不利于获得较高的加工精度。

② 当 $NA=0.45$ 时，光强峰值及其轴向半高宽随加工深度的变化极小，在深度 $200~\mu m$ 以内，光强峰值及其轴向半高宽的变化率都约为 5％，但其初始光强峰值也较小。

③ 当 $NA=0.65$ 时，光强峰值及其轴向半高宽随加工深度的变化较大，在深度 $200~\mu m$ 以内，光强峰值及其轴向半高宽的最大变化率分别约 300％ 和 400％；其初始光强峰值较大，当深度大于 $100~\mu m$ 后光强峰值接近 $NA=0.45$ 时的值，半高宽随深度的变化起伏不定。

④ 当 $NA=0.85$ 时，光强峰值及其轴向半高宽随加工深度的变化也较大，其初始光强峰值很大，但随深度的变化迅速减小，当深度大于 $100~\mu m$ 后光强峰值接近 $NA=0.45$ 时的值，最大变化率达到 750％；轴向半高宽变化随深度的变化近似线性增大，最大变化率达到 400％。

在三维加工时，光强峰值及其轴向半高宽随加工深度的增加产生变化主要是次高峰消长和增多造成的，这种变化会造成不同层面的激光强度变化及信号的串扰。加工点光斑光强分布的理想状态应该是峰值高、轴向半高宽小，而且随加工深度的增大，光强衰减较小、轴向半高宽不发生明显变化。因此，加工中需要根据加工的要求和被加工材料的折射率大小，合理选择聚焦物镜，使加工点光斑的光强和轴向半高宽的变化率较小。

综上所述，飞秒激光微加工中，经物镜会聚的激光束需要经过空气和被加工材料两种介质。由于两种介质折射率不同，加工深度和物镜数值孔径的改变会使加工点光斑的激发光强分布产生明显的变化，从而影响加工精度。

4.4 像差计算及分析

在飞秒激光三维微加工过程中,影响加工点光斑光强分布的因素很多,如空气与被加工材料的折射率不同,材料的反射、散射、吸收等。本节主要对由于折射率不同产生的影响进行深入分析并提出相应的补偿方法[100]。

设空气折射率为 n_1、被加工材料的折射率为 n_2,假定理想状态时的加工点为 A,由于折射率不同实际加工时则变为 A_1,如图 4.7 所示。因此,成像点深度会由理想状态的 d_0 改变为实际状态的 d,导致加工中产生像差,这就相当于增大了加工深度。因此,像差是引起加工点光斑光强分布发生变化的主要原因。

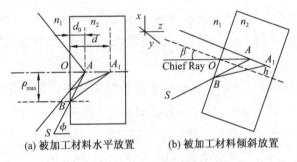

(a) 被加工材料水平放置   (b) 被加工材料倾斜放置

图 4.7 飞秒激光微加工光路示意图

令光线入射角为 φ_1,折射角为 φ_2,出瞳口处傍轴光线的最大半径为 ρ_{max},B 点为光线 SBA_1 与出瞳窗口的交点,其极坐标为 (ρ, θ),由波前像差函数[101]推导并经极坐标变换可得:

$$W(\rho, \theta; \eta) = \frac{1}{8}S_1 \frac{\rho^4}{h_p^4} + \frac{1}{2}S_2 \frac{\rho^3 \cos\theta}{h_p^3} \cdot \frac{\eta}{\eta_{max}} + \frac{1}{2}S_3 \frac{\rho^3 \cos^2\theta}{h_p^2} \cdot$$

$$\frac{\eta^2}{\eta_{max}^2} + \frac{1}{4}(S_3 + S_4)\frac{\rho^2}{h_p^2} \cdot \frac{\eta^2}{\eta_{max}^2} + \frac{1}{2}S_5 \frac{\rho\cos\theta}{h_p} \cdot \frac{\eta^3}{\eta_{max}^3}$$

$$(4.17)$$

式中,等号右边的五项分别代表初级像差的球差、慧差、像散、场曲、畸变;h_p 为出瞳口上最大入射高;η 为像高,$\eta = d_0 \tan \beta$,β 为光轴与水平线的夹角(如果工件水平放置,则 β 为 0);η_{max} 为最大像高,$\eta_{max} = \rho_{max} = h_p$。

由 $NA = n_1 \sin \varphi = \sin(\arctan h_p/d_0) \approx h_p/d_0 = nh_p/d$,则 $h_p = \rho_{max} = d_0 NA = dNA/n$。

由平行平板条件可得出[102]:

$$S_1 = -\frac{n_1(n_2{}^2-1)}{n_2{}^3} u^4 d;$$

$$S_2 = \frac{\bar{u}}{u} S_1;$$

$$S_3 = \left(\frac{\bar{u}}{u}\right)^2 S_1;$$

$$S_4 = 0;$$

$$S_5 = \left(\frac{\bar{u}}{u}\right)^3 S_1 \qquad (4.18)$$

式中,在近轴条件下 $u = h_p/d$。

设 $m = \rho/\rho_{max}$,由式(4.17)、式(4.18)可得系统的像差函数:

$$W(m,\theta) = \frac{1-n_2{}^2}{8n_2{}^3} NA^4 dm^4 + \frac{1-n_2{}^2}{2n_2{}^3} NA^3 d\beta m^3 \cos\theta +$$

$$\frac{1-n_2{}^2}{2n_2{}^3} NA^2 d\beta^2 m^2 \cos^2\theta + \frac{1-n_2{}^2}{4n_2{}^3} NA^2 d\beta^2 m^2 +$$

$$\frac{1-n_2{}^2}{2n_2{}^3} NA d\beta^3 m \cos\theta \qquad (4.19)$$

若被加工材料水平放置,这时 β 取零,像差就仅为球差。取飞秒激光波长为 800 nm,在不同加工深度、折射率、物镜数值孔径条件下,球差的变化曲线如图 4.8 所示。

由图 4.8 可知,球差随着加工深度的增大而线性增大;由于被加工材料的折射率一般是大于 1 的,所以折射率越大,球差也相应增大;物镜数值孔径增大,球差亦随之增大,尤其是当 $NA >$ 0.6 时,球差的变化率显著增大。

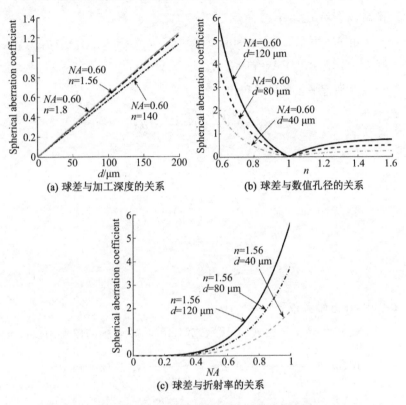

(a) 球差与加工深度的关系   (b) 球差与数值孔径的关系

(c) 球差与折射率的关系

图 4.8　材料水平放置时球差的变化曲线图

若材料处于倾斜状态,$\beta \neq 0$,加工过程不但受到球差的影响,还受到其余各项初级像差(慧差、像散、场曲、畸变)的影响[103]。设材料倾斜角度 $\beta = 0.05$,在不同加工深度、折射率、物镜数值孔径条件下,像差的变化曲线如图 4.9 所示。

由图 4.9 可知,影响像差的主要因素是球差和慧差,像散、场曲、畸变的影响很小。随加工深度的增大,像差线性增大;材料折射率增大,像差也随之增大;当物镜数值孔径增大时,像差也迅速增大,当 $NA>0.6$ 时,像差的变化率显著增大。

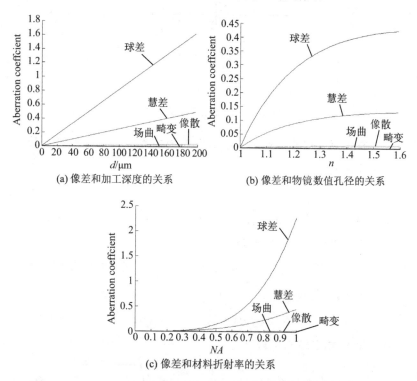

(a) 像差和加工深度的关系

(b) 像差和物镜数值孔径的关系

(c) 像差和材料折射率的关系

图 4.9 材料倾斜放置时像差的变化曲线图

4.5 像差补偿理论及实验

4.5.1 离焦点扩散函数

一般情况下,通过精确调整加工台可以使被加工材料近似水平放置,即 $\beta=0$,此时像差就仅为球差。为简便起见,下面着重介绍球差补偿理论及方法。

激光束进入材料内部的简化光路如图 4.10 所示。

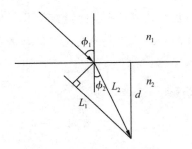

图 4.10　激光束入射光路图

激光束通过物镜产生的波前像差函数等于光束在两种介质中经过的光程之差,即

$$\Phi(d,\rho)=n_2 L_2 - n_1 L_1 \tag{4.20}$$

式中,ρ 为半径归一化坐标,$\rho=\sin\varphi_1/\sin\alpha=\sin\varphi_2/\sin\gamma$,$\alpha$ 和 γ 分别为最大入射角和最大折射角。

由图可知 $L_2=d/\cos\varphi_2$,$L_1=L_2\cos(\varphi_1-\varphi_2)$,根据斯涅尔折射定律,可得 $n_1\sin\varphi_1=n_2\sin\varphi_2$。由此可以得到:

$$\Phi(d,\rho)=d(n_2\cos\varphi_2-n_1\cos\varphi_1) \tag{4.21}$$

把 ρ 代入式(4.21),可得:

$$\Phi(d,\rho)=d\sin\alpha\left(\sqrt{\frac{1}{\sin^2\gamma}-\rho^2}-\sqrt{\frac{1}{\sin^2\alpha}-\rho^2}\right) \tag{4.22}$$

由于存在球差,光场相位会发生改变,将波前像差函数写入离焦球函数中,此时离焦点扩散函数可表示为

$$h(v,u,d)=\int_0^1 \exp\left[\frac{iup^2}{2}+i\frac{2\pi}{\lambda}\varphi(d,\rho)\right]J_0(\rho v)\rho d\rho$$

$$\tag{4.23}$$

式中,v 和 u 分别表示归一化横向坐标和轴向坐标,J_0 为零阶贝塞尔函数。

归一化坐标分别为

$$v = \frac{2\pi n_1 r}{\lambda} \sin \alpha \,, \quad u = \frac{8\pi n_1 z}{\lambda} \sin^2 \left(\frac{\alpha}{2} \right) \qquad (4.24)$$

式中，r 和 z 分别表示加工点在横向和轴向的位置。

由式(4.23)可以得到加工点光斑归一化光强分布的另一种表达式，即

$$\boldsymbol{I}(v, u, d) = |\boldsymbol{h}(v, u, d)|^2 \qquad (4.25)$$

4.5.2 球差补偿模型

对球差进行光学补偿的方法较多[104,105]。理论上，在系统光路中加上一个相反的球差，即可实现球差补偿。这一相反的球差可以展开为零阶泽尔尼克像差循环多项式[106]：

$$\Phi(d, \rho) = d \sin \alpha \left\{ \sum_{m=0}^{\infty} \left[\left(1 - \frac{m-1}{m+3} \tan^4 \frac{\alpha}{2} \right) \frac{\tan^{m-1} \dfrac{\alpha}{2}}{2(m-1)\sqrt{m+1}} - \right. \right.$$

$$\left. \left. \left(1 - \frac{m-1}{m+3} \tan^4 \frac{\beta}{2} \right) \frac{\tan^{m-1} \dfrac{\beta}{2}}{2(m-1)\sqrt{m+1}} \right] Z_{m,0}(\rho) \right\} \quad (4.26)$$

式中，$Z_{m,0}(\rho)$ 为零阶泽尔尼克多项式，其表达式为

$$Z_{m,0}(\rho) = \sqrt{m+1} \sum_{k=0}^{m} \frac{(-1)^k (m-k)!}{k! \left(\dfrac{2}{m} - k \right)!^2} \rho^{m-2k} \quad (m \text{ 取偶数})$$

$$(4.27)$$

在零阶泽尔尼克多项式中，当 m 为 0 时，$Z_{m,0}(\rho) = 1$，离焦点扩散函数不会随折射率不同产生变化，即加工点位置不变；m 为 2 时，$Z_{m,0}(\rho) = \sqrt{3}(2\rho^2 - 1)$，为离焦状态，加工点位置横向产生偏移，轴向位置不变；m 为 4 时，$Z_{m,0}(\rho) = \sqrt{5}(6\rho^4 - 6\rho^2 + 1)$，加工点位置轴向偏移，引起初级球差；$m$ 为 6 时，$Z_{m,0}(\rho) = \sqrt{7}(20\rho^6 - 30\rho^4 + 126\rho^2 - 1)$，存在二级球差。

基于以上分析,校正波前像差函数就可以实现球差补偿,其数学模型相当于在波前像差函数基础上加上一个反向的泽尔尼克像差多项式组合:

$$\Phi'(d,\rho) = \Phi(d,\rho) -$$

$$d\sin\alpha\left\{\sum_{m=0}^{2M+2}\left[\left(1 - \frac{m-1}{m+3}\tan^4\frac{\alpha}{2}\right)\frac{\tan^{m-1}\frac{\alpha}{2}}{2(m-1)\sqrt{m+1}} - \right.\right.$$

$$\left.\left.\left(1 - \frac{m-1}{m+3}\tan^4\frac{\beta}{2}\right)\frac{\tan^{m-1}\frac{\beta}{2}}{2(m-1)\sqrt{m+1}}\right]Z_{m,o}(\rho)\right\} \quad (4.28)$$

式中,M 代表球差补偿级数。

应用泽尔尼克多项式进行补偿后的点扩散函数为

$$\boldsymbol{h}'(v,u,d) = \int_0^1 \exp\left[\frac{iu\rho^2}{2} + i\frac{2\pi}{\lambda}\varphi'(d,\rho)\right]J_0(\rho v)\rho\,\mathrm{d}\rho$$

$$(4.29)$$

若 M 取 0,该补偿函数仅是对加工点位置横向偏移进行了校正,未对球差进行补偿;M 取 1,可以实现系统初级球差的补偿;M 取 2,实现了系统二级球差的补偿;M 等于或大于 3 时,能够实现更高级的球差补偿。

4.5.3　球差补偿数值模拟

以飞秒激光在光致变色材料上进行点加工为例,进行球差补偿的数值模拟和实验。当较高功率的双光子同时入射到光致变色材料内,且聚焦于同一点时,该点的折射率改变,产生变色现象。如果用功率较弱的飞秒激光对加工后的材料进行扫描,变色点会辐射出荧光,其余部分不会激发荧光。由于像差的存在,被加工点(变色点)位置延轴向加深,导致荧光信号强度减弱。以单光子共焦方式读取荧光信号,设荧光波长为 λ_0,则单光

子激发波长为 $\varepsilon\lambda_0$ 且 $\varepsilon < 1$,变色点荧光强度表达式为[107]:

$$\boldsymbol{I}(v,u,d) = \left| \boldsymbol{h}\left(\frac{v}{\varepsilon}, \frac{u}{\varepsilon}, \frac{d}{\varepsilon}\right) \right|^2 |\boldsymbol{h}(v,u,d)|^2 \qquad (4.30)$$

在激光波长为 800 nm、被加工光致变色材料折射率为1.56、物镜数值孔径 NA 为 0.60 的条件下,分别在 $M = 0,1,2$ 时,对荧光强度进行数值模拟,得到不同加工深度时的光强分布曲线,如图 4.11 所示。

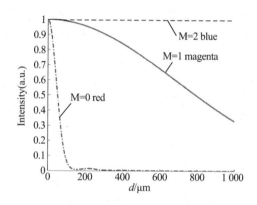

图 4.11　被加工点荧光强度与加工深度的关系曲线

数值模拟结果表明,像差未补偿时,随着加工深度的增加,加工点辐射出的荧光信号强度迅速减小,当加工深度达到 100 μm 时,信号强度基本衰减为零;系统初级球差补偿后,信号衰减现象得到显著改善,加工深度可接近 600 μm;系统二级球差得到补偿后,荧光信号强度近似稳定不变,这说明加工效果基本不随加工深度的变化而发生变化。

4.5.4　球差补偿方法

通过像差预补偿减小球差,可以增大加工点光斑的光强,减小光斑尺寸,提高加工精度。常用的方法有通过改变物镜的工作长度(即物平面到像平面之间的距离)实现补偿[108]、在物镜前加入液晶控制系统实现补偿的方法[109]。液晶控制补偿方法是在物镜前加入一个液晶模块,相当于在原光路中加一个反向的相位补偿器,通过改变液晶两端的电压来改变激光束的相位,从而实现像差补偿。本实验采用开普勒望远镜系统[110]进行补偿。

由理论分析可知,在波前像差函数基础上加反向泽尔尼克像差多项式可实现像差补偿,因此在飞秒激光微加工系统中增加一个开普勒望远镜系统,即可实现补偿功能,其光路如图 4.12所示。开普勒望远镜包含两个消色差双合凸透镜,当平行光通过凸透镜会聚后经过物镜入射到被加工介质时,其最大入射角增大,理论成像点为 A_2,由于折射率不同,实际成像点会延轴向偏移。加工过程中可以调整两个凸透镜之间的距离 l,使补偿后的实际成像点与未补偿时的理想成像点重合于 A 点,从而实现给定位置的像差补偿。

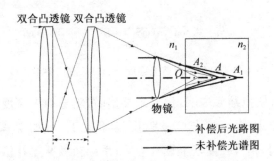

图 4.12　开普勒望远镜系统像差补偿光路图

4.5.5　球差补偿实验

（1）实验原理

为验证补偿效果,在某类光致变色材料上进行了对比实验。掺杂荧光染料的某类无机或有机分子材料聚合物,如二芳基乙烯(Diarylethene)、螺吡喃(Spiropiran)、偶氮化合物(Azo)、俘精酸酐(Fulgide)及其他杂环有机分子等,受高功率的紫外光激发,双光子同时入射到光致变色材料内,且聚焦于同一点,激发点发生光聚合反应,染料产生变色现象。由于双光子吸收的非线性,除了光强很高的焦点周围很小区域的聚合物会激发变色外,其余区域几乎不会被激发。如果采用低功率的紫外光对加工后的材料进行扫描,加工点就会辐射出荧光,而其余部分则不会辐射荧光。实验中通过共焦/双光子扫描显微镜系统读取加工点辐射出的荧光强度来验证补偿的效果。

（2）实验材料

材料为新型的二芳基类衍生物全氟环戊烯 1（3-甲基-5-（3-甲氧基）苯基噻吩-2-基)-2-（3-甲基-苯并噻吩-2-基），分子式为（1-[3-Methyl-5-（p-methoxyphenyl）thien-2-yl]-2-（3-methylBenzo[b]thien-2-yl)perfluorocyclopentene)。这是一种具有非对称结构的全氟环戊烯衍生物,其开环体和闭环体的分子结构如图 4.13所示。

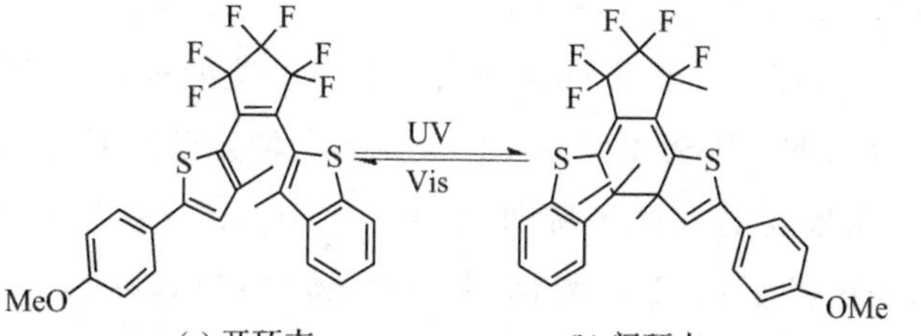

(a) 开环态　　　　　　　(b) 闭环态

图 4.13　全氟环戊烯开环态和闭合态的分子结构

这种光致变色化合物在紫外光或双光子激发下能够从开环态转变为闭环态。闭环态在较强的可见光的照射下可转变为开环态。这种化合物在正己烷溶液中被紫外曝光后的光谱变化如图 4.14 所示。在 390 nm 紫外光的照射下,溶液由无色逐渐转变为黄色,黄色的溶液在较长的波长段有吸收。在可见光的照射下（λ＞320 nm）黄色逐渐消失,无色溶液的吸收谱又恢复,说明黄色的闭环态转变为无色的开环态。实验中,按照重量比 1∶50 将纯度大于 99.5％ 的该化合物和 Poly（methyl methacrylate)溶入氯仿溶液中混合均匀,然后在室温下将其滴在盖波片上形成厚度约 150 μm 的厚膜。

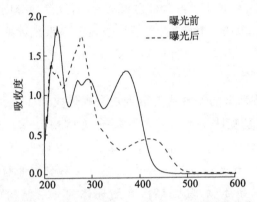

图 4.14　全氟环戊烯在正己烷溶液中的吸收光谱

由图 4.14 可知,开环态的吸收峰在 390 nm,而在 500 nm 之后几乎没有吸收。将这种化合物以适当的浓度掺入 PMMA 膜中,吸收峰将红移至 330 nm。因此这是一种典型的可用 800 nm 飞秒激光激发的双光子吸收材料。在 380 nm 单光子激发或 800 nm 双光子激发曝光后,在 390 nm 的吸收峰减小,而在 360 nm 附近出现一个小的但比较宽的吸收峰。

通常材料在 PMMA 中的吸收光谱相比在溶液中会有约 50 nm的红移,因此在 532 nm 单光子激发下,PMMA 膜中闭环态能被激发出较强的荧光而开环态荧光非常弱。两种形态吸收峰值的红移可能是由于 PMMA 膜中所掺杂的化合物的浓度不同造成的。图 4.15 为该材料在 PMMA 膜中经双光子激发后的闭环态及未激发部分的开环态在 513 nm 单光子激发下辐射出的荧光光谱。

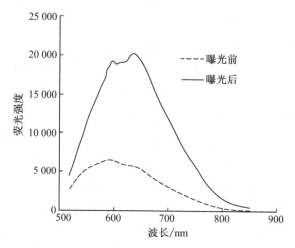

图 4.15　PMMA 中开环态和闭环态的荧光光谱

可以看出，在 513 nm 激光的激发下，闭环态的荧光强度比开环态的大四倍以上。这种强荧光较容易被探测器读出。同时，闭环态的荧光光谱的峰值相比开环态的荧光光谱峰值有70 nm 左右的红移，因此，在光学上也可以滤除一部分背景光的干扰。该化合物表现出非常好的热稳定性。将该材料在 30 ℃的黑暗环境中存放一个月后，其紫外和可见光谱几乎没有变化，在空气中存放一年多后也未发现有分解的现象。该材料还表现出极好的抗疲劳性，在经过 1 000 次的环化和裂环循环反应后，其闭环态的吸收光谱未发生变化。在经过 10 000 次的环化和裂环循环反应后，其光色变的性能维持在 90% 以上。

综上所述，共焦/双光子扫描荧光显微镜系统可以用800 nm 激光作为光源对二芳基类衍生物全氟环戊烯实现三维点加工，而被双光子激发后的区域在单光子照射下辐射出的荧光强度较大，与未加工部分相比具有较大的对比度，便于验证实验效果。

（3）实验结果

实验中以掺钛蓝宝石（Ti：Sapphire）激光器为光源，中心波长 800 nm、脉宽 80 fs、重复频率 80 MHz、输出平均功率为21.5 mW的脉冲激光经滤色、衰减和准直扩束，通过数值孔径为 0.60 的物镜聚焦在光致变色材料薄膜上，按加工深度 $d=20$ μm、每层内点间距为 3 μm 逐层进行加工，单点加工时间为30 ms。采用单光子共焦方式读取每层变色点荧光信号，532 nm 脉冲激光聚焦于光致变色材料薄膜上进行连续扫描，信号读出光率为 3 mW。被加工材料辐射出的荧光信号返回显微镜系统，经分色镜、小孔光阑后入射到光电倍增管。光电倍增管获取荧光信号并将其转换为电信号，经过计算机采集、处理后输出光信号的灰度值，从而在监视器上逐点产生加工点辐射出的荧光信号的光强图像[111]。补偿前后不同加工深度加工点光强的变化趋势如图4.16所示。

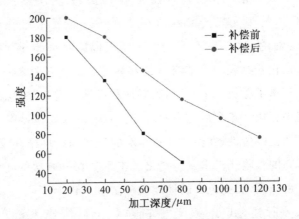

图 4.16　补偿前后不同加工深度加工点光强的变化趋势图

实验中开发了基于 Matlab 的信号识别软件[111]，对实验结果进行每层加工点辐射出的荧光强度归一化反向分布分析。没有进行像差补偿时，焦点区域的加工效果及光斑反向归一化三维光强分布如图 4.17 所示。由图可知,加工点光强随着加工深度的增加逐渐减小,当加工至第四层(加工深度达 80 μm)时,荧光信号强度衰减较大,这与理论分析基本吻合。

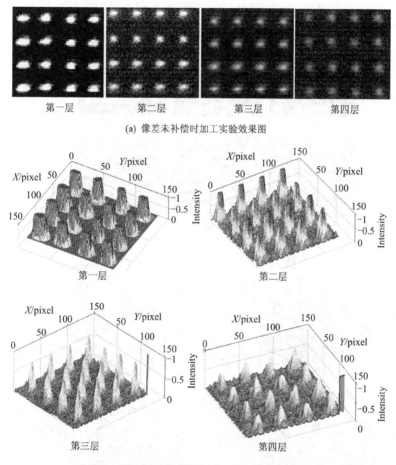

第一层　　　第二层　　　第三层　　　第四层

(a) 像差未补偿时加工实验效果图

第一层　　　　　　　第二层

第三层　　　　　　　第四层

(b) 像差未补偿时加工点光斑反向归一化三维光强分布图

图 4.17　像差未补偿时加工点实验效果及其反向归一化三维光强分布图

经过像差补偿后焦点区域的加工效果及光斑的反向归一化三维光强分布如图 4.18 所示。由图可知,加工点光强随加工深度的增加衰减不是十分明显,加工至第六层(深度为 120 μm)时,荧光信号仍具有较高强度,而且加工区域与未加工区域具有很明显的对比度,加工点的荧光强度远高于非加工区域的荧光强度。当然,随着加工深度的增加,信号串扰带来的影响也变大了。

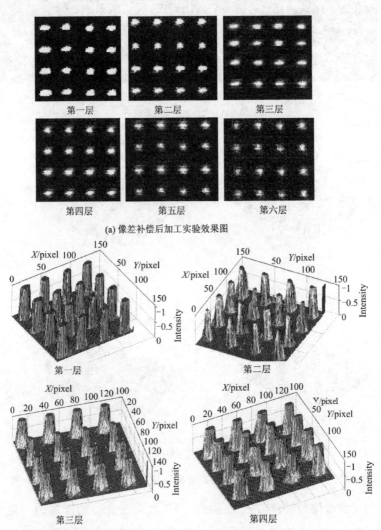

(a) 像差补偿后加工实验效果图

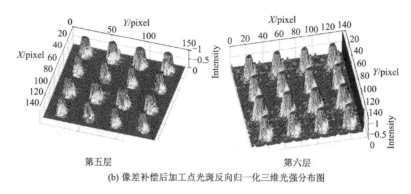

第五层　　　　　　　　　　第六层

(b) 像差补偿后加工点光斑反向归一化三维光强分布图

图 4.18　像差补偿后加工点实验效果及其反向归一化三维光强分布图

4.6　本章小结

根据飞秒激光微加工机理,结合光在不同介质中的传播理论,分析了由于空气折射率和被加工材料折射率的不同对加工点光斑的光强分布产生的影响,并进行了数值模拟。结合激光束通过被加工材料的聚焦路径,利用波前像差函数推导出了由于折射率不同引起的像差表达式,分析了加工深度、折射率、物镜数值孔径与像差之间的关系。随着加工深度、物镜数值孔径、加工介质折射率的增大,像差也随之增大。在此基础上,建立了基于反向泽尔尼克像差多项式的补偿模型,并以双光子飞秒脉冲激光在光致变色材料上进行点加工为例,对该补偿模型进行了数值模拟。像差未补偿时,光致变色材料辐射出的荧光信号强度衰减很快,当加工深度达到 $100\ \mu m$ 时,信号强度衰减为零;初级像差补偿后,这种现象得到明显改善,加工深度可接近 $600\ \mu m$;而当二级像差也得到补偿后,加工效果基本不受加工深度带来的影响。提出了使用开普勒望远镜系统实现像差补偿的方法并进行了实验,分析了其补偿效果。理论和实验研究的结果为激光微加工中减小像差,改善加工效果提供了充分的依据。

第五章

飞秒激光微加工焦点光斑的三维整形

5.1 引言

　　飞秒激光微加工一般采用逐点扫描加工方式,由于受到激光束腰和透镜衍射效应的影响,加工点光斑的光场强度在空间分布呈椭球形[112],即在 X-Y 平面为圆形,在 Y-Z 平面为椭圆形。此外,在第三章分析空气和被加工材料的折射率不同对加工点光斑光强分布的影响时,发现光斑轴向尺寸随加工深度的增加而增大。这些因素会导致微器件加工中,沿轴向不同加工层之间的层间距增加,沿横向同一加工层内的加工点分布密度减小,降低了加工分辨率,影响加工精度和表面质量。在不过多增加系统的复杂程度和成本的基础上,寻找一种有效地减小光斑尺寸的方法,实现超分辨率激光微加工,对改善微器件的加工精度和表面质量具有实际意义。自 Toraldo[113] 提出超分辨概念以来,众多科研人员在利用激光束空间整形技术对聚焦光斑进行调制,从而实现轴向或者横向的超分辨率方面进行了理论与实验研究。如,Cheng[114],AMS[115] 等根据衍射理论设计了一种亚毫米级狭峰进行光束调制,这种方式只能对光束的轴向进行调制,而且能量衰减非常大;Cerullo[116] 等使用圆柱透镜进行加工光束的位相调制,提高了轴向的分辨率,降低了能量损耗;Sheppard 等[117]、Sales 等[118]通过对聚焦光斑点扩散函数不同的近似,分别研究了利用光瞳滤波器提高光学系统的横向、轴向分辨率的方法。本章利用遗传算法与全局优化算法对三维光学整形元件(相位板)进行了优化设计,实现了对加工点光斑的三维整形[119]。同时还介绍了改善加工点光斑非对称性形状的光束整形技术。

5.2　加工点光斑模型

根据菲涅尔衍射理论,加工点光斑的大小理论上由激光波长、物镜的数值孔径等因素决定。由于受到透镜衍射效应的制约,加工点光斑尺寸最多只能降到光波波长的二分之一,这已是瑞利分辨的极限[120]。在第三章已经得到了激光经物镜在被加工材料内部聚焦后,加工点光斑的离焦点扩散函数(式 4.23)。为讨论方便,在光斑整形问题的理论分析中,用薄透镜聚焦来简化物镜聚焦效果,同时假设焦点在空气与材料的分界面上,此时式(4.23)中的 d 为零。如果考虑光的透过率,则平行光束经薄透镜聚焦光斑的归一化点扩散函数为

$$h(v,u) = 2\int_0^1 P(\rho)\exp\left(\frac{iu\rho^2}{2}\right) J_0(\rho v)\rho\mathrm{d}\rho \qquad (5.1)$$

式中,v 为横向归一化坐标,$v = (2\pi NAr)/\lambda$;u 为轴向归一化坐标,$u = NA^2(z-f)/2\lambda$;$P(\rho)$ 为焦平面上复光瞳函数(对于薄透镜,可以认为其复光瞳函数等于 1),通常可表示为 $P(\rho) = A(\rho)\exp[i\varphi(\rho)]$,$A(\rho)$ 为振幅透过率,$\exp[i\varphi(\rho)]$ 为相位透过率;ρ 为薄透镜相对半径(即出瞳面上半径归一化坐标),$\rho = r/a,0 \leqslant \rho \leqslant 1$;$J_0$ 为零阶贝塞尔函数;NA 为薄透镜数值孔径;r 为加工点光斑半径;λ 为激光波长;z 为光斑中心点坐标值;f 为物镜焦距;a 为薄透镜半径。

根据式(5.1),可得到加工点光斑的横向和轴向归一化光强分布函数:

$$I(v,u=0)=|h(v,u=0)|^2$$
$$I(v=0,u)=|h(v=0,u)|^2 \qquad (5.2)$$

对加工点光斑进行数值模拟,结果如图 5.1 所示。由图可知,加工点光斑为椭球状(横向为圆形、轴向为椭圆形),光强以中心焦平面对称分布,大约 80% 的能量集中在中心光斑处,中心光斑的轴向尺寸大约为横向尺寸的 3 倍。

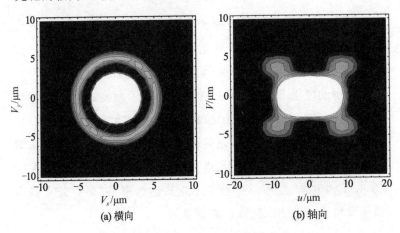

(a) 横向   (b) 轴向

图 5.1　平行光束焦斑形状数值模拟图

在实际的飞秒激光微加工系统中,激光束一般发出空间强度呈高斯分布的高斯光束,而不是平行光束,如图 5.2 所示。

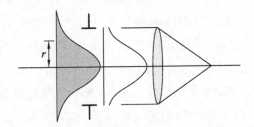

图 5.2　入射高斯激光强度分布示意图

高斯光束光强的表达式为[121]

$$E(l) = E_0 \exp(-l^2/\omega^2) \tag{5.3}$$

式中，ω 为光轴上光强降至 E_0/e 时的径向距离，称为光斑尺寸；E_0 为光轴上的光强。

激光束经薄透镜聚焦，透镜半径 a 与光斑尺寸 ω 的比值将影响光斑的中心强度，当 $(a/\omega)^2 = 1.244$ 时具有最大中心强度[121]。则高斯光束光强可表示为

$$E(\rho) = \sqrt{\frac{2.51}{1 - \exp(-2.51)}} \exp(-1.225\rho^2) \tag{5.4}$$

高斯光束聚焦光斑的归一化点扩散函数为

$$h(v, u) = 2 \int_0^1 P(\rho) E(\rho) \exp\left(\frac{iu\rho^2}{2}\right) J_0(\rho v) \rho \, d\rho \tag{5.5}$$

同样进行数值模拟，结果如图 5.3 所示。

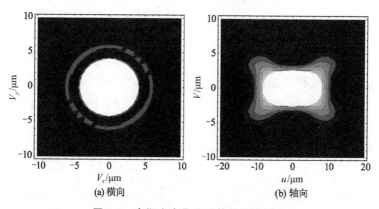

(a) 横向　　　　　　　　(b) 轴向

图 5.3　高斯光束焦斑形状数值模拟图

由图 5.3 可知，高斯光束经薄透镜聚焦后形成的光斑形状与平行光束非常相似，其光强也以焦平面为中心对称分布，中心光斑的轴向尺寸同样大约为横向尺寸的 3 倍。但高斯光束焦斑的横向和轴向尺寸均要略大于平行光束焦斑尺寸。基于以上分析，下面将以平行光束为例进行光斑整形理论的阐述。

5.3 飞秒激光微加工光斑的轴向整形

5.3.1 轴向整形机理

在加工物镜前增加一个 TORALDO 型光瞳滤波器[113]（相位板），并把光瞳滤波器合理地分成具有复透过率的同心环组合，可以改变入瞳处入射光的相位，得到任意形式的衍射光斑，这样就能够实现光斑的整形，如图 5.4 所示。

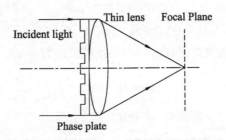

图 5.4　激光微加工系统中加入相位板

根据菲涅尔衍射理论，由式(5.1)可知，加入相位板后加工点光斑归一化轴向点扩散函数为

$$h(v=0,u)=2\int_0^1 P(\rho)\exp\left(\frac{iu\rho^2}{2}\right)\rho\mathrm{d}\rho \tag{5.6}$$

将式(5.6)延轴向进行泰勒展开，可得：

$$h(v=0,u)=2\int_0^1 P(\rho)(1+\frac{iu\rho^2}{2}+\frac{\left(\frac{iu\rho^2}{2}\right)^2}{2!}+\cdots)\rho\mathrm{d}\rho$$

$$=2\int_0^1 P(\rho)(1+\frac{iu\rho^2}{2}-\frac{u^2\rho^4}{8}+\cdots)\rho\mathrm{d}\rho \tag{5.7}$$

若以 Q_n 表示复光瞳函数的 $n(n=0,1,2\cdots)$ 阶矩，且令

$$Q_n=2\int_0^1 P(\rho)\rho^{2n+1}\mathrm{d}\rho \tag{5.8}$$

则有

$$h(v=0,u) = Q_2 + \frac{iuQ_1}{2} - \frac{u^2 Q_2}{8} + \cdots \tag{5.9}$$

将式(5.9)代入式(5.2),可以得到沿光轴方向的光强分布为

$$I(v=0,u) = |h(v=0,u)^2| = \left| Q_0 + \frac{iuQ_1}{2} - \frac{u^2 Q_2}{8} + \cdots \right|^2$$

$$= |Q_0|^2 - \mathrm{Im}(Q_0 Q_1{}^*)u - \frac{1}{4}[\mathrm{Re}(Q_0 Q_2{}^*) -$$

$$|Q_1|^2]u^2 + \cdots \tag{5.10}$$

式中,* 表示复共轭。

对式(5.10)取到二次项后,可以得到加工点光斑轴向整形后的近似光强表达式:

$$I_A(v=0,u) = |Q_0|^2 - \mathrm{Im}(Q_0 Q_1{}^*)u -$$

$$\frac{1}{4}[\mathrm{Re}(Q_0 Q_2{}^*) - |Q_1|^2]u^2 \tag{5.11}$$

采用轴向增益 K_A、峰值能量比 P 和旁瓣能量 S_A 表征光斑轴向整形的效果。其中,K_A 为整形后与整形前轴向光斑尺寸之比,P 为整形后与整形前中心峰值能量之比,S_A 为最大旁瓣光强与中心峰值光强之比。

使用实透过率光瞳滤波器[$\mathrm{Im}(Q_0 Q_1{}^*)u = 0$]调制后,入射激光轴向光强仍然以物镜焦平面为中心对称分布。然而,使用复透过率光瞳滤波器对入射激光进行调制后,轴向光强不再以物镜焦平面为中心对称分布,分布中心会出现偏移,产生离焦现象。

对式(5.11)的光强分布函数求导,可得:

$$\frac{\partial I_A}{\partial u} = -\mathrm{Im}(Q_0 Q_1{}^*) - \frac{1}{2}[\mathrm{Re}(Q_0 Q_2{}^*) - |Q_1|^2]u \tag{5.12}$$

令式(5.12)等于零,化简后得到的离焦量 u_F 为

$$u_F = -\frac{2\mathrm{Im}(Q_0 Q_1{}^*)}{\mathrm{Re}(Q_0 Q_2{}^*) - |Q_1|^2} \tag{5.13}$$

则整形后与整形前中心峰值能量比 P、轴向光斑尺寸之比 K_A 为

$$P = |Q_0|^2 - \text{Im}(Q_0 Q_1{}^*) u_F \tag{5.14}$$

$$K_A = \sqrt{\frac{P}{12[\text{Re}(Q_0 Q_2{}^*) - |Q_1|^2]}} \tag{5.15}$$

由此可知,在综合考虑轴向增益 K_A、峰值能量比 P 和旁瓣能量 S_A 的情况下,确定合适的相位板环带数、每个环带的半径和透过率等关键参数,就可以获得较为理想的加工点光斑轴向整形效果。

5.3.2 轴向整形相位板的参数优化与数值模拟

整形后的光斑形貌特征取决于相位板的关键参数,因此设计相位板时必须在同时考虑光斑尺寸、峰值能量比和旁瓣能量等因素的基础上,寻找到一组满足相应约束条件的最佳优化参数。轴向光斑整形的优化问题可表达为 $\min K_A$,且同时满足如下约束条件:$u_F < \delta$(δ 为能够控制在允许误差范围内的微小量),$P > \varepsilon$(ε 为满足加工条件的可被接受的最小光强),$0 < \rho_1 < \cdots < \rho_{n-1} < 1, 0 < \theta_1 < \cdots < \theta_{n-1} < \pi$。通常相位板参数的获得可以通过遗传算法[122]实现。遗传算法根据问题域中每个个体的适应度大小选择符合要求的个体,同时使用遗传算子进行组合交叉和变异运算,基于适者生存和优胜劣汰的原则,逐代演化计算得到越来越好的近似解。但遗传算法在适应度函数选择不当的情况下有可能收敛于局部最优,而无法达到全局最优[123]。故采用全局优化算法[124]和遗传算法相结合,并在优化过程中调整遗传算法的交叉率、变异率及约束条件求得相位板参数的最优解。对一种每个环带位相依次为 $0, \pi, 0, \pi$ 的 $0-\pi$ 结构的四环相位板(相位板 1,实透过率相位板)和另一种非 $0-\pi$ 结构的四环相位板(相位板 2,复透过率相位板),根据轴向光斑整形的约束条件进行优化设计,得到的结果如表 5.1 所示。

表 5.1　轴向整形优化设计参数和表征参数

	K_A	P	S_A	u_F	r_1	r_2	r_3	θ_1	θ_2	θ_3	θ_4
相位板 1	0.75	0.38	0.66	0	0.15	0.71	0.83	0	π	0	π
相位板 2	0.73	0.53	0.53	0.11	0.235	0.596	0.655	2.877	3.089	0	3.011

　　根据优化设计得到的参数,委托合作单位在折射率为 1.56
的石英玻璃上采用离子束刻蚀技术制作了相位板。

　　表 5.1 中具有 $0-\pi$ 结构的四环相位板(相位板 1)的实际半
径为 2 mm。为了能够在该石英玻璃上对波长 800 nm 的飞秒激
光实现 π 相位差,刻蚀深度一般需要达到 720 nm。图 5.5 和图
5.6 分别为相位板 1 的三维效果图和加工设计图。

图 5.5　具有 $0-\pi$ 结构的四环相位板 1 的三维效果图

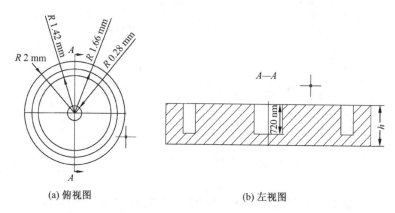

(a) 俯视图　　　　　　　　　　　(b) 左视图

图 5.6　具有 $0-\pi$ 结构的四环相位板 1 的加工设计图

　　对经相位板 1 和 2 调制后的加工点光斑强度进行数值模拟,得到的焦斑轴向光强分布和横向光强分布分别如图 5.7 和图 5.8 所示。从衍射效果来看,非 0－π 结构的相位板调制后的激光束比 0－π 结构的相位板调制后具有更高的峰值能量比、更小的旁瓣能量,但光斑轴向尺寸压缩效果基本一致($K_A \approx 0.75$),光斑轴向大小可压缩至艾利斑的 75%,而光斑横向尺寸基本不变。因此,这两种相位板都只能对光斑进行轴向整形。此外,轴向光强的旁瓣能量比横向光强的旁瓣能量要大得多,因此轴向半高宽也会较大,这说明加工点光斑轴向尺寸比横向尺寸大,这与理论分析是吻合的。在数值模拟中还发现,当相位板设计参数发生微量改变时,轴向旁瓣能量也更容易产生较大的波动。轴向旁瓣能量增加,中心光斑能量会随之减小,导致轴向尺寸增加。尽管加入相位板会导致轴向光强产生较大的旁瓣,但在飞秒激光微加工过程中,双光子吸收是一种非线性效应,可以很好地抑制相位板轴向调制产生的旁瓣副作用。

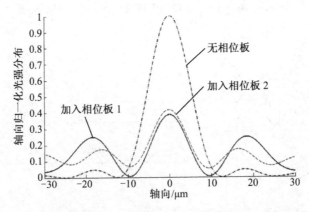

图 5.7　采用相位板 1 和 2 整形前后焦斑的轴向光强分布比较

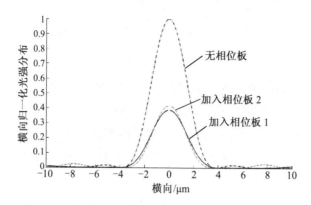

图 5.8　采用相位板 1 和 2 整形前后焦斑的横向光强分布比较

5.4　飞秒激光微加工光斑的横向整形

5.4.1　横向整形机理

由式(5.1),加入相位板后激光微加工点光斑归一化横向点扩散函数为

$$h(\nu, u=0) = 2\int_0^1 P(\rho) J_0(\nu\rho) \rho \mathrm{d}\rho \qquad (5.16)$$

将式(5.16)的零阶贝塞尔函数进行泰勒展开,可得到:

$$h(v, u=0) = 2\int_0^1 A(\rho) \exp[i\theta(\rho)] (1 - (\frac{v\rho}{2})^2 + \cdots) \rho \mathrm{d}\rho$$

$$= 2\int_0^1 A(\rho) \exp[i\theta(\rho)] \rho \mathrm{d}\rho - \frac{v^2}{2}\int_0^1 A(\rho) \exp[i\theta(\rho)] \rho^3 \mathrm{d}\rho + \cdots$$

$$\qquad (5.17)$$

由式(5.8)和(5.17)可得:

$$h(v, u=0) = Q_0 - \frac{v^2}{4} Q_2 + \cdots \qquad (5.18)$$

对式(5.18)取到二次项,可以得到加工点光斑横向整形后的近似光强表达式为

$$I_A(v, u=0) = |h(v, u=0)|^2 = |Q_0|^2 - \frac{v^2}{2} \mathrm{Re}(Q_0 Q_1^*)$$

$$(5.19)$$

采用横向增益 K_T、峰值能量比 P 和旁瓣能量 S_T 表征相位板光束横向整形的效果。其中,K_T 为整形后与整形前横向光斑尺寸之比,P 为整形后与整形前中心峰值能量之比,S_T 为最大旁瓣光强与中心峰值光强之比。整形后与整形前横向光斑尺寸之比 K_T 为

$$K_T = \sqrt{\frac{P}{2[\mathrm{Re}(Q_0 Q_1^*) - u_F \mathrm{Im}(Q_2 Q_0^*)]}} \qquad (5.20)$$

相位板整形后的横向光强分布以 $v=0$ 平面为中心对称分布。对于复透过率相位板,调制后光强分布会产生离焦现象,需要通过控制离焦量使系统焦平面与薄透镜焦平面近似重合。此时,横向调制后的峰值能量比和轴向调制后的峰值能量比相同。

如前所述,综合考虑 K_T,P 和 S_T,对相位板的关键参数进行优化设计,可以实现较为理想的加工点光斑横向整形效果。

5.4.2　横向整形相位板的参数优化与数值模拟

横向整形的优化问题同样可表达为 $\min K_T$,且同时满足如下约束条件:$u_F < \delta$(δ 为能够控制在允许误差范围内的微小量),$P > \varepsilon$(ε 为满足加工条件的可被接受的最小光强),$0 < \rho_1 < \cdots < \rho_{n-1} < 1, 0 < \theta_1 < \cdots < \theta_{n-1} < \pi$。对一种 $0-\pi$ 结构的四环相位板(相位板 3)和另一种非 $0-\pi$ 结构的四环相位板(相位板 4),根据横向光斑整形优化约束条件进行优化设计,得到的结果如表 5.2 所示。

表 5.2　横向整形优化设计参数和表征参数

	K_T	P	S_T	u_F	r_1	r_2	r_3	θ_1	θ_2	θ_3	θ_4
相位板 3	0.78	0.39	0.22	0	0.15	0.25	0.57	0	π	0	π
相位板 4	0.89	0.23	0.02	0.15	0.25	0.55	0.75	2.968	3.200	0	2.850

对经相位板 3 和 4 调制后的加工点光斑强度进行数值模拟,得到的焦斑横向光强分布和轴向光强分布分别如图 5.9 和图 5.10 所示。

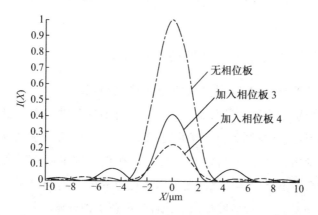

图 5.9　采用相位板 3 和 4 整形前后焦斑的横向光强分布比较

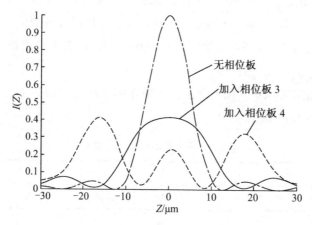

图 5.10　采用相位板 3 和 4 整形前后焦斑的轴向光强分布比较

由图可知,具有 $0-\pi$ 结构的相位板 3 对横向光斑能进行有效压缩,但对轴向光斑的作用效果一般,甚至轴向光斑还有所变大。这种相位板适合于对横向光斑大小要求较高而对轴向光斑大小要求较低的应用领域。而具有非 $0-\pi$ 结构的相位板 4 同样能够对横向中心光斑进行压缩,但是却引起中心光斑能量显著衰减,旁瓣能量增大,这种相位板没有太大的实际应用价值。由此可知,相位板的设计要能够同时满足轴向和横向光斑整形的需要。

5.5 飞秒激光微加工光斑的三维整形

5.5.1 三维整形相位板的参数优化与数值模拟

在分别对飞秒激光微加工点光斑进行横向和轴向整形研究的基础上,通过控制光斑的轴向增益 K_A,同时约束离焦量 u_F、峰值能量比 P 和横向增益 K_T,就可以在横向和轴向同时实现光斑的三维整形。其优化问题可以表达为 $\min K_A$,同时满足约束条件:$u_F < \delta$(δ 为能够控制在允许误差范围内的微小量),$P > \varepsilon$(ε 为满足加工条件的可被接受的最小光强),$K_T < \sigma$,$0 < \rho_1 < \cdots < \rho_{n-1} < 1$,$0 < \varphi_1 < \cdots < \varphi_{n-1} < \pi$。通过优化设计得到的一种四环复透过率相位板,其设计参数如表 5.3 所示,表征参数如表 5.4 所示。优化设计后得到的离焦量 u_F 为 -0.08,这表明加工系统焦平面与透镜焦平面近似重合。激光束三维整形前后的光强分布如图 5.11 所示。

表 5.3 三维整形优化设计参数

r_1	r_2	r_3	θ_1	θ_2	θ_3	θ_4
0.335	0.581	0.662	3.031	3.135	0	2.992

表 5.4　三维整形表征参数

K_T	K_A	P	S_T	S_A	u_F
0.77	0.68	0.36	0.28	0.62	-0.08

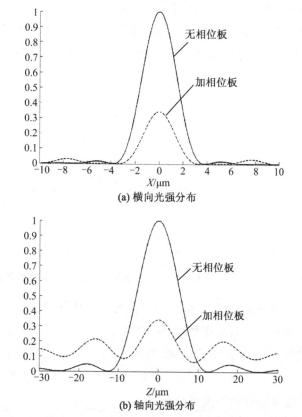

(a) 横向光强分布

(b) 轴向光强分布

图 5.11　采用三维调制相位板整形前后光斑光强分布比较

　　数值模拟结果表明,这种四环复透过率相位板通过改变入瞳处入射光的相位对激光束进行光学调制,能够突破衍射极限,使焦平面处光斑轴向和横向尺寸进一步缩小,实现光斑三维整形。

5.5.2　光斑三维整形实验

根据上述理论研究、参数优化及数值模拟的结论,制作了四环复透过率相位板,以飞秒激光在光致变色材料薄膜上逐层进行点加工为例进行了验证实验。实验中建立了共焦/双光子扫描显微镜系统,实验系统示意图如图 5.12 所示。实验原理、实验方法和实验中的被加工材料与第四章像差补偿实验相同。

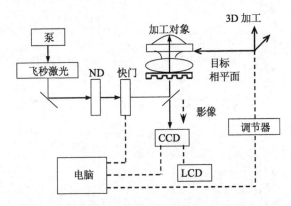

图 5.12　加入相位板的飞秒激光微加工及实时监测系统示意图

以掺钛蓝宝石(Ti : Sapphire)激光器为光源,脉冲激光的中心波长为 800 nm、脉宽为 80 fs、重复频率为 80 MHz,物镜的数值孔径为 0.60,平均写入激光功率为 25 mW、曝光时间为 30 ms、读出功率为 5 mW,加工深度为 10 μm,采用单光子共焦方式读取每层变色点荧光信号。

未加入相位板时,加工点横向和轴向读出图像如图 5.13a、图 5.14a 所示,此时加工点横向光斑尺寸(直径)为 1.5 μm,轴向光斑尺寸为 5.8 μm。加入相位板进行光斑整形后,加工点横向和轴向读出图像如图 5.13(b)、图 5.14b 所示,此时加工点横向光斑尺寸为 1.1 μm,轴向光斑尺寸为 4.5 μm。加工点光斑的反向归一化三维光强分布曲线如图 5.15 所示。

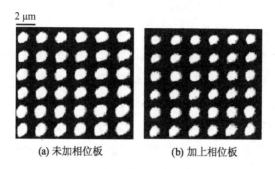

(a) 未加相位板   (b) 加上相位板

图 5.13   激光束三维整形前后轴向光斑尺寸对比

(a) 未加相位板   (b) 加上相位板

图 5.14   激光束三维整形前后轴向光斑尺寸对比

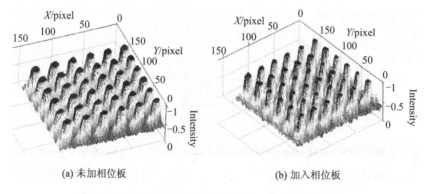

(a) 未加相位板   (b) 加入相位板

图 5.15   加工点光斑的反向归一化三维光强分布曲线

由图 5.13、图 5.14 可以看出，加入相位板对激光束进行三维整形后，加工点横向和轴向光斑尺寸明显变小，横向和轴向光斑的实际增益分别为 0.73 和 0.77。与表 5.4 中的理论计算结果相比，横向光斑增益基本吻合，但轴向光斑增益有一定的差异，轴向尺寸的压缩没有达到理论计算的效果。

前文在进行理论分析时,假设激光束焦点在空气与被加工材料的分界面上,并没有考虑当激光束入射到材料内部,由于空气和介质的折射率不同产生的像差对加工点光斑强度和尺寸造成的影响。事实上,在第四章已经得出结论,由于空气和被加工材料的折射率不同,光斑轴向尺寸会随加工深度的增加而增大。可以认为这是实验中得到的轴向增益大于理论计算结果的主要原因。

综上所述,在不过多增加系统的复杂性和成本的情况下,仅在光瞳处使用经过优化设计的四环复透过率相位板,合理调制光波的相位分布,就可以使被加工点光斑尺寸进一步缩小,达到超分辨率加工的目的。

5.6 改善加工点光斑对称性的光束整形方法

加工点光斑的数值模拟和实验结果表明,加工点光斑形状呈椭球状,中心光斑的轴向尺寸大约为横向尺寸的 3 倍。基于相位板的光束调制技术实现了光斑尺寸的减小,但是无法改善光斑的非对称性。这对某类器件的加工会产生较大的影响。如在光波导的加工中,由于这种非对称性,加工出的光波导横截面呈狭长状[125],这使光波导的传输损耗增加[126],传输模式变差,影响光波导的导光性能。下面对几种改善这种不对称的光束整形的方法分别进行介绍。

5.6.1 通过增加柱透镜组对光束进行整形

如图 5.16 所示,由高斯光束传播公式,瑞利长度 $Z_R = (\pi \omega_0{}^2)/\lambda$。理论上,当束腰半径 ω_0 和瑞利长度 Z_R 相等时,焦点光斑形状呈对称分布。

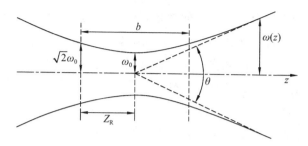

图 5.16 高斯光束传播示意图

若入射激光波长为 800 nm,要满足这个条件,束腰半径 ω_0 约为 0.25 μm,已经小于该光束的衍射极限($\lambda/2=0.5$ μm),这几乎是不可能实现的。由于 Z_R 与 ω_0 的平方成正比,所以如果简单地增大 ω_0,Z_R 会增加得更快,这样横向和轴向尺寸差距会更大。因此只能在保持束腰半径 ω_0 基本不发生变化的基础上,适当地减小 Z_R,使得横向和轴向光斑尺寸基本相同。

R. Osellame 等[127]在加工光波导的过程中,提出了一种在微加工系统的聚焦物镜前引入两个柱透镜,利用像散光束来改进加工点光斑不对称的光束整形方法。柱透镜可以使入射激光束沿轴向紧聚焦,减小了瑞利长度。同时,通过控制 x,y 方向束腰的比值和像散间距,尽可能使束腰半径等于瑞利长度,达到光束整形的目的。R. Osellame 等利用这种调节光束像散的方法,加工出了横向和轴向宽度接近 1∶1 的光波导,实现了光波导横截面的中心对称。

但是这种光束整形技术需要柱透镜组和物镜之间有良好的配合,调节过程复杂,而且由于在系统中增加了柱透镜组,透镜和空气的折射率不同会产生像差,影响加工质量。

5.6.2 通过增加预聚焦透镜对光束进行整形

高斯光束的光强分布不仅与焦点距离光轴的位置有关,还与其光斑尺寸有关。因此,加工点光斑的横向光强分布与加工点位置和束腰半径有关。同样地,加工点光斑的轴向光强分布与加工点位置和瑞利长度有关。如果能够采用合适的方法使同一位置两个方向的光强分布趋向接近甚至相等,这样得到的加工点光斑就有可能呈对称分布。

(1) 光强的空间分布

微加工中使用的飞秒激光的光强空间分布为[128]

$$I(R,Z) = I_0 \left[\frac{\omega_0}{\omega(z)}\right]^2 \exp\left[-\frac{2(x^2+y^2)}{\omega^2(z)}\right] \qquad (5.21)$$

式中,R 为光斑径向;Z 为激光束传播方向;I_0 为主光轴上的光强;$\omega(z)$ 为 z 处光束半径;x,y 为加工点空间坐标。

当 $z=0$ 时,$\omega(z)=\omega(0)=\omega_0$,所以横向光强空间分布为

$$I(y,z=0) = I_0 \exp\left(-\frac{2y^2}{\omega_0{}^2}\right) \qquad (5.22)$$

当 $y=0$ 时,轴向光强空间分布为

$$I(y=0,z) = I_0 \left[\frac{\omega_0}{\omega(z)}\right]^2 = I_0 \left[\frac{\omega_0}{\omega_0\sqrt{1+\left(\frac{z}{Z_R}\right)^2}}\right]^2 = I_0 \frac{1}{1+\left(\frac{z}{Z_R}\right)^2}$$

$$(5.23)$$

(2) 两个方向光强相等的判断准则

若焦点区域某一点 P 的横向光强和轴向光强相等,即

$$I(y,z=0) = I(y=0,z) = \frac{1}{K}I_0 \qquad (5.24)$$

式中,K 为比例系数,$K>1$。

则由式(5.22)、式(5.23)可以得到:

$$\exp\left(-\frac{2P_y{}^2}{\omega_0{}^2}\right) = \frac{1}{K} \qquad (5.25)$$

将式(5.25)的指数函数进行泰勒展开并忽略高次项,可得 P 点在 y 方向上对应的坐标为

$$P_y = \sqrt{\frac{K-1}{2K}}\omega_0 \qquad (5.26)$$

同理,可以得到 P 点在 z 方向上对应的坐标为

$$P_z = \sqrt{K-1}\,Z_R \qquad (5.27)$$

若令该点在两个方向的坐标值相等,可以得到:

$$\frac{\omega_0}{Z_R} = \sqrt{2K} \qquad (5.28)$$

由此可知,当束腰半径 ω_0、瑞利长度 Z_R 和光强比例系数 K 满足式(5.28)的关系时,即可实现同一位置两个方向的光强分布相等,从而得到对称分布的加工点光斑。

（3）预聚焦透镜的设计参数

飞秒激光束在被加工材料内聚焦后的瑞利长度为

$$Z_R = \frac{\pi\omega_0^2}{\lambda_n} = \frac{\pi\omega_0^2}{\dfrac{\lambda}{n}} = \frac{n\pi\omega_0^2}{\lambda} \qquad (5.29)$$

式中, n 为材料折射率; λ 为激光在真空中的波长。

由于加工点光斑半径 $\omega_0 = \lambda/(n\pi NA)$,则有:

$$\frac{\omega_0}{Z_0} = \frac{\omega_0\lambda}{n\pi\omega_0^2} = \frac{\lambda}{n\pi\omega_0} = \frac{\omega_0 NA}{\omega_0} = NA \qquad (5.30)$$

由式(5.28)、式(5.30)可知,要满足同一位置两个方向的光强分布相等,则物镜数值孔径需满足:

$$NA = \sqrt{2K} \qquad (5.31)$$

由于 $K>1$,故物镜的数值孔径 NA 至少要大于 1.5。对于常用的显微透镜,即使放大倍数达到 100 倍,数值孔径也仅接近于 1.5,这个数值在理论上和技术上都达到了极限。显然,仅使用一个透镜聚焦很难使焦点处光斑光强空间对称。

如果在系统原来的透镜前再放置一个起预聚焦作用的透镜,

飞秒激光束经过两次聚焦是有可能达到要求的,如图 5.17 所示。

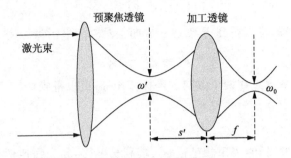

图 5.17　加入预聚焦透镜后的光路示意图

由透镜变换公式[128]可得:

$$\omega_0 \cong \frac{\omega'}{n} \frac{f}{s'-f} \qquad (5.32)$$

式中,ω'为第一次聚焦后的光斑半径;ω_0为第二次聚焦形成的光斑半径;f为原透镜焦距;s'为第一次聚焦点到原透镜的距离。

把式(5.32)代入式(5.30),可得:

$$\frac{\omega_0}{Z_0} = \frac{\lambda}{\pi\omega_0} = \frac{\lambda(s'-f)}{\pi\omega'f} = \frac{\lambda(s'-f)}{\pi\frac{\lambda}{\pi NA'}f} = \frac{NA'(s'-f)}{f} \qquad (5.33)$$

式中,NA'为预聚焦透镜的数值孔径。

由此可知,当加工透镜和预聚焦透镜确定后,式(5.33)中的束腰半径和瑞利长度之比就只和 s' 相关。通过调整预聚焦透镜的焦点到加工透镜之间的距离 s' 的值,就可以实现加工激光束的对称性整形。

5.6.3　通过引入狭缝光阑对光束进行整形

通常,圆高斯光束在 x,y 轴方向具有完全相同的场分布,由式(5.21)可得:

$$I(x,y,z)=\frac{I_0}{1+\left(\dfrac{z}{Z_0}\right)^2}\exp\left(\frac{-2(x^2+y^2)}{\omega_0{}^2\left(1+\left(\dfrac{z}{Z_0}\right)^2\right)}\right) \tag{5.34}$$

式中，Z_0 为共焦参数，$Z_0=\pi\omega_0{}^2/\lambda$。

在 Y-Z 方向（或 X-Z 方向）上的归一化光强分布如图 5.18 所示（$\lambda=800$ nm，$NA=0.46$，归一化光强 $I_0=1$，$x=0$）。如果考虑入射激光为椭圆高斯光束，由于椭圆高斯光束是一种像散波面激光束，沿 X-Y 方向（横向）的光斑就是椭圆形，这意味着椭圆高斯光束在 x，y 方向上的分布并不完全相同，这时其归一化光强分布为[129]

$$I(x,y,z)=\frac{1}{[1+(z/Z_x)^2]^{1/2}}\frac{1}{[1+(z/Z_y)^2]^{1/2}}\times$$
$$\exp\left\{\frac{-2x^2}{\omega_x^2[1+(z/Z_x)^2]}\right\}\exp\left\{\frac{-2y^2}{\omega_y^2[1+(z/Z_y)^2]}\right\} \tag{5.35}$$

式中，$Z_x=\pi\omega_x{}^2/\lambda$，$Z_y=\pi\omega_y{}^2/\lambda$；$\omega_x$，$\omega_y$ 分别为椭圆高斯光束在 x，y 方向上的束腰。若 $\omega_y=\eta\omega_x$，且增益因子 $\eta=5$ 时，同样令 $\lambda=800$ nm，$NA=0.46$，归一化光强 $I_0=1$，$x=0$，可以得到椭圆高斯光束在 Y-Z 方向上的归一化光强分布，如图 5.19 所示。

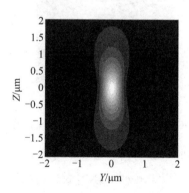

图 5.18　圆高斯光束在 Y-Z 方向上的光强分布

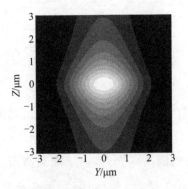

图 5.19　椭圆高斯光束在 Y-Z 方向上的光强分布

由图 5.19 可知,由于 Z_x 和 Z_y 不相等,使得光强空间分布会发生改变。虽然椭圆高斯光束的光强在 Y-Z 方向上的分布仍然是椭圆形,但其椭圆度已经变小,而且随着增益因子 η 的增大,其光斑会逐渐趋近于圆形分布。当然椭圆高斯光束在 X-Y 方向上的分布也变为椭圆,在相同条件下的光强分布如图 5.20所示。

图 5.20　椭圆高斯光束在 X-Y 方向上的光强分布($z=0$)

将激光谐振腔里辐射出的圆高斯光束改变为椭圆高斯光束的实现途径一般有以下几种:① 若激光谐振腔沿横向的两个垂直截面上具有不同的几何特性,在此类谐振腔中振荡输出的激光束就是椭圆高斯光束；② 激光谐振腔内填充有不同 β 值的具有类似透镜聚焦功能的某些激活介质，激光器可以输出椭圆高斯光束；③ 激光谐振腔内填充有某类在横向和轴向具有不同折射率或吸收系数的介质时，激光器也会输出椭圆高斯光。

由于在激光腔内操作非常复杂，所以常用的光束变换方法通常都是在腔外另加光学元件，使圆高斯光束在传输过程中发生相应的改变，从而得到椭圆高斯光束。如在聚焦物镜前加柱透镜或者狭缝就可以实现光束的变换[129]，实验装置如图 5.21 所示。

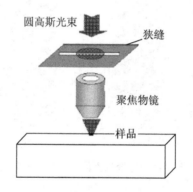

圆高斯光束
狭缝
聚焦物镜
样品

图 5.21 加狭缝后的实验装置示意图

若输入圆高斯光电场分布为

$$E_{\text{input}}(x,y) = \exp[-(x^2+y^2)/\omega^2] \tag{5.36}$$

且狭缝的振幅透过函数符合如下条件：$|x|<a$，$|y|<b$ 时，$\tau(x,y)=1$；其他情况下，$\tau(x,y)=0$。可以得到经过狭缝后圆高斯光束的电场分布为

$$E_{\text{output}}(\alpha,\beta) = \iint_{\text{slit}} \tau(x,y) E_{\text{input}}(x,y) \exp[ik(\alpha x + \beta y)] \mathrm{d}x\,\mathrm{d}y \tag{5.37}$$

式中，α,β 分别是 x,y 方向上的方向余弦；$k=2\pi/\lambda$。则经过狭

缝后圆高斯光束输出光强为

$$I_{output}(\alpha,\beta)=|E_{output}(\alpha,\beta)|^2 \qquad (5.38)$$

若取波长为 800 nm，矩形狭缝尺寸 $2a=0.5$ mm，$2b=3$ mm，对光强进行数值模拟，如图 5.22 所示。由图 5.22(a)可以看出，加入狭缝后，在聚焦物镜透镜前的光束已经由原来的圆高斯光束改变为椭圆高斯光束，经物镜聚焦后的光强分布将如式(5.35)，而其光强分布将如图 5.19 所示。

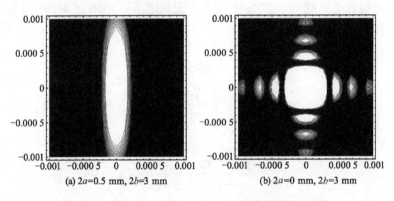

(a) $2a=0.5$ mm, $2b=3$ mm (b) $2a=0$ mm, $2b=3$ mm

图 5.22　圆高斯光束经过不同尺寸狭缝后的光强分布

通过以上分析可以知道，经过狭缝后，激光器发出的圆高斯光束转变为椭圆高斯光束。椭圆高斯光束经透镜聚焦后在被加工介质内形成的焦斑的轴向尺寸和横向尺寸非常接近，达到了对称整形的目的。

这种方法仅需在物镜前插入一个狭缝就能够实现光束整形，操作简便，成本较低。但是这种方法是利用狭缝遮挡住某一个方向上的入射光来实现光束整形，所以会造成较多的能量衰减。一般情况下，如果将沿某个方向入射的光束宽度降为原来的 1/3，其能量损耗将高达 58%。

5.7 本章小结

基于菲涅尔衍射理论,结合飞秒激光微加工焦点光斑横向和轴向的归一化光强分布函数,通过数值模拟得到了加工点光斑的形状。研究了飞秒激光微加工光斑三维整形的机理,在分别对光斑轴向和横向整形技术的理论分析和数值模拟的基础上,得到了基于光通滤波器的光斑三维整形效果的表征参数,提出了一种能够实现三维整形的四环复透过率相位板,运用全局优化算法与遗传算法进行了优化设计,其三个半径分别为 $r_1 = 0.335, r_2 = 0.581, r_3 = 0.662$,四个环位相透过率分别为 $\varphi_1 = 3.031, \varphi_2 = 3.135, \varphi_3 = 0, \varphi_5 = 2.992$。对光斑三维整形的效果进行了数值模拟,横向和轴向增益分别为 0.77 和 0.68,峰值能量比为 0.36,旁瓣能量分别为 0.28 和 0.62,离焦量为 -0.08。根据优化设计和数值模拟的结论制作了四环复透过率相位板,以脉冲激光在光致变色材料薄膜上逐层扫描,单光子共焦读取每层变色点荧光信号的方式进行了验证实验。实验结果表明,加入相位板对激光束进行三维整形后,加工点光斑的横向和轴向尺寸明显变小,压缩比例与理论计算结果基本吻合。介绍了通过增加柱透镜组、增加预聚焦透镜、引入狭缝光阑等三种改善加工点光斑非对称性形状的光束整形技术,对其工作原理及实现方法进行了详细的分析。理论和实验研究的结果为提高飞秒激光微加工的分辨率,以及改善微器件的加工精度和表面质量打下了基础。

第六章

扫描步距对微加工质量的影响及优化方法

6.1 引言

　　微加工过程中，飞秒脉冲激光经透镜聚焦到聚合物材料内，焦点附近的较小区域会产生双光子吸收现象，激发该区域发生显著的光聚合反应，从而改变材料的化学物理特性形成固化。通过三维扫描平台和曝光系统控制激光束按照预定的加工轨迹在被加工材料内部相对运动并进行曝光，就可以使固化区域逐渐由点到线然后到面，最终得到所需要的形状。因此，基于双光子非线性吸收效应的三维微器件制备，本质上就是数量巨大的固化区域相互覆盖叠加的过程。显然，固化区域之间的覆盖率对微器件的表面质量、相同加工平面邻近点之间的连接强度及不同加工平面之间的连接强度有着直接的影响[130]。减小扫描步距，增大固化区域之间的覆盖率能够有效地提高微器件的加工精度，但也必将造成加工效率的成倍降低。实际加工中需要根据加工系统的工艺参数和材料特性合理确定扫描步距(覆盖率)，在确保加工质量的前提下尽可能地提高加工效率。

6.2　固化单元覆盖率的数学模型

6.2.1　固化单元的光强分布

在飞秒激光双光子微加工中广泛使用的自由基光聚合材料是丙烯酸醋树脂。在飞秒激光的作用下,聚合反应发生区域(固化单元)的形状及大小主要取决于自由基的浓度及分布、引发聚合的效率等因素[131]。在一定的激发条件下,自由基的浓度按 $C=C(r,z,t)$ 的规律分布,当某处的自由基浓度 C 超过了材料发生聚合反应所要求的最小浓度(聚合阈值 C_{th})时,该区域的聚合反应就会被激发。在飞秒激光双光子微加工中,可以通过控制入射激光的激发功率和单点曝光时间实现对自由基浓度的控制。

双光子诱发的自由基浓度与激光能量和曝光时间的关系为[132]

$$\frac{\partial C}{\partial t}=(C_0-C)\sigma_2\left(\frac{I}{h\upsilon}\right)^2 \tag{6.1}$$

式中,C_0 为光引发剂在自由基材料中的初始浓度;σ_2 为双光子吸收截面,$cm^4 \cdot s$;I 为激光光强;h 为普朗克常数;υ 为激光频率。

当 $t=0$ 时,双光子激发的活性自由基浓度为零,对式(6.1)求解可得:

$$C=C_0\left\{1-\exp\left[-\sigma_2\left(\frac{I}{h\upsilon}\right)^2 t\right]\right\} \tag{6.2}$$

式中,t 为曝光时间。

由于自由基浓度超过聚合阈值才有可能激发光聚合反应,忽略自由基向低浓度区的扩散和光强波动等影响因素,可以得到光强阈值:

$$I_{th}=\sqrt{\frac{(h\upsilon)^2}{\sigma_2 t}\ln\frac{C_0}{C_0-C_{th}}} \tag{6.3}$$

式中,C_{th}为加工材料发生固化的自由基浓度阈值。

由式(6.3)可知,当飞秒激光入射到自由基聚合材料内部时,只有在光强$I \geqslant I_{th}$的区域内,材料才能通过双光子吸收达到引发聚合反应所需的自由基浓度,该区域就会形成固化单元。

6.2.2 覆盖率的数学模型

飞秒激光微加工系统的光源一般发出空间强度呈高斯分布的高斯光束,其传播路径如图5.16所示。由于受到激光束腰及透镜衍射效应的影响,固化单元的光场呈椭球状分布,在$X\text{-}Y$平面(横向)为圆形,在$Y\text{-}Z$平面(轴向)为椭圆形。固化单元的光强空间分布如式(4.21),其横向和轴向的光强空间分布分别如式(5.22)、式(5.23)。

当固化单元的光强达到光强阈值即可诱发光聚合反应,因此,由式(5.22)、式(5.23)可以得到光束焦平面位置固化单元横向直径D和轴向长度L:

$$D = 2r = \omega_0 \left[\ln \frac{\sigma_2 t I_0{}^2}{(h\upsilon)^2 \ln \frac{C_0}{C_0 - C_{th}}} \right]^{\frac{1}{2}} \tag{6.4}$$

$$L = 2z = 2Z_R \left\{ \left[\frac{\sigma_2 t I_0{}^2}{(h\upsilon)^2 \ln \frac{C_0}{C_0 - C_{th}}} \right]^{\frac{1}{2}} - 1 \right\}^{\frac{1}{2}} \tag{6.5}$$

飞秒激光微加工一般采用直写方式在材料内部逐点扫描,如图6.1所示。

令三维扫描平台沿横向和轴向的扫描步距分别为d_x和l_z,则固化单元覆盖率可定义为

$$A_x\% = A_y\% = (D - d_x)/D \times 100\% \tag{6.6}$$

$$A_z\% = (L - l_z)/L \times 100\% \tag{6.7}$$

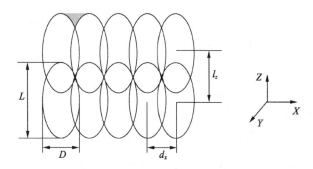

图 6.1 飞秒激光直写连续扫描示意图

6.2.3 覆盖率对加工质量与加工效率的影响

显然,覆盖率与光斑大小和扫描步距有关。当飞秒激光的峰值光强、频率、曝光时间和被加工材料确定后,扫描步距越小,覆盖率越大,则固化单元重叠后形成的凹形区域(图 6.1 中的阴影部分)就越小,微器件表面越光滑,而且相同加工平面相邻点之间和不同加工平面之间的连接强度就会显著增加。增大固化单元覆盖率可以改进微器件的加工质量,但同时也会使加工效率成倍地降低[133]。假设固化点的直径为 300 nm,则加工一条 100 μm 的直线,横向覆盖率与扫描步距和固化单元个数之间的对应关系如图 6.2 所示。

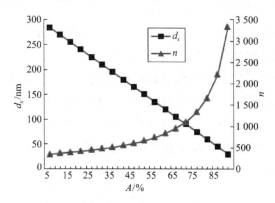

图 6.2 覆盖率与扫描步距和固化单元个数关系图

由图 6.2 可知,当覆盖率为 70%,扫描步距为 90 nm,该直线将由 1 110 个固化点组成;而当覆盖率提高到 90%,扫描步距变为 30 nm,此时固化点将达到 3 330 个。随着覆盖率的增加,加工点数会成倍增多,加工时间也将成倍增加。因此,在保证微加工质量的前提下,根据已知固化单元的大小确定最佳覆盖率和扫描步距,对提高加工效率有着十分重要的意义。

6.3 扫描步距与微器件表面质量特征参数之间的定量关系

6.3.1 理论分析

在固化单元尺寸已知的情况下,覆盖率与扫描步距成反比关系,下面以在 X-Y 平面内(横向)的直线加工为例分析微器件表面质量与扫描步距之间的定量关系。根据曝光等效性原理[134],多次曝光的曝光密度和以相当曝光密度进行一次曝光的效果是相同的。飞秒激光以固定扫描步距 d_x 在焦平面内沿 x 方向进行直线加工的过程中,多次曝光累积形成的光强分布可以描述为

$$I(x,y_0,z_0) = \sum_{n=0}^{\infty} I(x-nd_x,y_0,z_0) \qquad (6.8)$$

若某区域叠加后的光强 I 大于固化光强阈值 I_{th},该区域的光聚合反应被诱发,以光强阈值作为固化界限就可以得到不同扫描步距条件下固化单元累加而成的线条形貌。为简化问题,在理论分析过程中,对同一位置相邻两束脉冲激光光强叠加后的曝光效果进行分析,如图 6.3 所示,图中阴影部分为覆盖区域。

假设两束聚焦飞秒激光焦斑中心峰值光强均为 I_0,其中一束激光的焦点坐标为 $(0,0)$,其光强空间分布为

$$I_1(x,y) = I_0 \exp\left[-\frac{2(x^2+y^2)}{\omega_0^2}\right] \qquad (6.9)$$

式中，x，y 分别为固化区域某点 M 的空间坐标值。

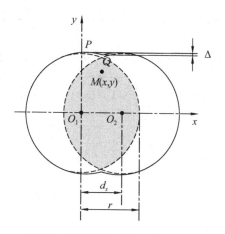

图 6.3 相邻固化单元叠加示意图

与之相叠加的焦点坐标为 $(d_x，0)$ 的激光束光强空间分布为

$$I_2(x，y)=I_0\exp\left\{-\frac{2[(x-d_x)^2+y^2]}{\omega_0^2}\right\} \qquad (6.10)$$

则相邻两束激光在 M 点产生的光强应为：

$$I(x，y)=I_1(x，y)+I_2(x，y) \qquad (6.11)$$

由图 6.3 可知，理论上由固化单元累加而成的线条的最大直径和最小直径应该出现在 $x=0$(或 $x=d_x$)和 $x=d_x/2$ 处，而这两点的高度差 Δ 反映了加工直线表面的起伏情况。因此，可以用 Δ 来作为加工直线表面质量的特征参数。

由式(6.11)可以得到图 6.3 中 P 点位置的光强为

$$I_p=I(0，y_p)=I_0\exp\left(-\frac{2y_p^2}{\omega_0^2}\right)+I_0\exp\left[-\frac{2(d_x^2+y_p^2)}{\omega_0^2}\right]$$

$$(6.12)$$

Q 点位置的光强为

$$I_Q = I(d_x/2, y_Q) = 2I_0 \exp\left[-\frac{d_x{}^2 2 + 2y_Q{}^2}{\omega_0{}^2}\right] \quad (6.13)$$

由式(6.12)、式(6.13)可以分别求出 y_P 和 y_Q 的表达式为

$$y_p = \sqrt{\frac{\omega_0{}^2}{2}\ln\left\{\frac{I_0}{I_p}\left[1 + \exp\left(-\frac{2d_x{}^2}{\omega_0{}^2}\right)\right]\right\}} \quad (6.14)$$

$$y_Q = \sqrt{\frac{\omega_0{}^2 \ln\frac{2I_0}{I_Q} - \frac{d_x{}^2}{2}}{2}} \quad (6.15)$$

则加工直线表面质量特征参数 Δ 与扫描步距 d_x 之间的定量关系为

$$\Delta = |y_p - y_Q| \quad (6.16)$$

同理,在进行轴向扫描时,也可以采用上述分析方法得到类似的表达式。

6.3.2 数值模拟

选取与微加工实验相一致的材料和技术参数对 Δ 与 d_x 之间的关系进行数值模拟。脉冲激光的中心波长为 800 nm、脉宽为 80 fs、重复频率为 80 MHz,物镜数值孔径为 1.25、物镜前激光功率为 32 mW、曝光时间为 25 ms,加工材料为一种丙烯酸类树脂负胶 SCR500,其激发强度阈值 I_{th} 为 1.45×10^3 GW/cm^2,则令 P 点和 Q 点的光强为临界光强,即 $I_P = I_Q = I_{th}$。由上述参数可以计算得到束腰半径 $\omega_0 = 407.6$ nm,焦斑中心峰值光强 $I_0 = 1.92 \times 10^3$ GW/cm^2,固化单元横向直径 $D = 302$ nm。在不同的扫描步距下进行数值模拟,y_P、y_Q、Δ 和相对误差 γ($\gamma = 2\Delta/D \times 100\%$)与扫描步距 d_x 之间的关系曲线如图 6.4 所示。

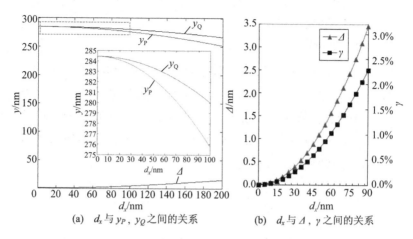

(a) d_x 与 y_P、y_Q 之间的关系　　(b) d_x 与 Δ、γ 之间的关系

图6.4　扫描步距与线条表面特征参数的关系曲线

由图 6.4 可知,当扫描步距远小于固化单元尺寸 D 时,Δ 及相对误差的值均接近于零,对线条表面质量的影响较小。如,当 30 nm $\leqslant d_x \leqslant$ 45 nm 时,有 0.394 nm $\leqslant \Delta \leqslant$ 0.883 nm,0.26% $\leqslant \gamma \leqslant$ 0.58%,覆盖率 90.1% $\geqslant A \geqslant$ 85.1%,若以加工一条 100 μm 的直线为例,加工点数 3367 $\geqslant n \geqslant$ 2237。显然,当覆盖率大于 85.1% 时,减小扫描步距对提高表面质量的作用不是很大,而加工点数会急剧增多,加工效率显著下降。而随着扫描步距逐渐增大,Δ 及相对误差 γ 明显增大,线条表面质量急剧变差。例如,当 45 nm $< d_x \leqslant$ 90 nm 时,有 0.883 nm $< \Delta \leqslant$ 3.45 nm,0.58% $< \gamma \leqslant$ 2.3%,覆盖率 85.1% $> A \geqslant$ 70.2%,加工点数 2 237 $> n \geqslant$ 1 118。因此,当覆盖率小于 85.1% 时,减小扫描步距能够在不过多增加加工点数的情况下显著提高微器件的表面质量。

因此,在实际加工中需要根据加工系统的工艺参数和材料的特性进行扫描步距对微器件表面质量影响的定量分析,以确定合理的扫描步距,在确保加工质量的前提下尽可能提高加工效率。

6.3.3 实验验证

(1) 实验材料

加工材料为紫外负性光刻胶 SCR500,其吸收光谱如图 6.5 所示。该材料在 400 nm 以下的紫外波段吸收率较高,大于 550 nm的波段吸收完全截止。在 800 nm 飞秒激光的作用下,材料基本不发生单光子吸收。曝光结束后,将固化后的样品用丙酮进行显影即可得到所需的微器件。

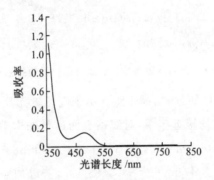

图 6.5　SCR500 的吸收光谱

(2) 实验结果

扫描步距分别为 150,120,75,45 nm(加工覆盖率分别为 50.3%,60.3%,75.2%,85.1%)时加工所得直线的照片如图 6.6 所示。由图 6.6 可知,扫描步距最大(覆盖率最小)加工得到的线段 A 有明显的平行条纹,表面呈凹凸状起伏,平滑性和连接强度都很差,还出现了比较大的弯曲。线段 B 的表面形貌有了一定的改善,但外围轮廓粗细不均,表明连接强度较差。线段 C 的表面光洁度、连接紧密性都有了明显改进,但是线段整体还是有一定的弯曲。扫描步距最小(覆盖率最大)加工得到的线段 D 的表面较为光滑、连接紧密、尺寸均匀、弯曲度很小。实验结果与数值模拟的结论基本吻合。

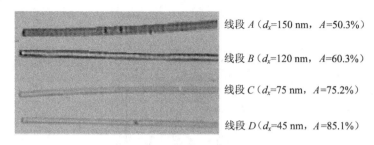

线段 A（d_x=150 nm，A=50.3%）

线段 B（d_x=120 nm，A=60.3%）

线段 C（d_x=75 nm，A=75.2%）

线段 D（d_x=45 nm，A=85.1%）

图 6.6　不同扫描步距加工所得线段的照片

6.4　连续变步距扫描加工方法

6.4.1　工作原理

微加工焦点光斑呈椭球形分布，固化单元的横向和轴向尺寸不相同，轴向尺寸一般是横向尺寸的 3 倍左右。这就导致在加工立体工件时，在器件外轮廓斜率不一样的区域自由基浓度叠加程度不同。如果仍然采用固定步距扫描，则会在部分区域产生不同程度的膨胀，从而引起器件变形。Sang Hu Park[135] 等根据器件试制的实验结果对设计模型进行调整，按斜率的不同将器件轮廓分成不同的区域，不同的区域分别采用不同的扫描步距。这种加工方式在一定程度上改善了加工效果，提高了加工效率，但并没有建立轮廓斜率和扫描步距之间的定量关系，每当加工新的器件时需要先进行试制，然后才能确定扫描步距。

在前面理论研究与实验验证的基础上，本书提出并实验了一种新的连续可变步距微加工扫描方法。由于飞秒激光双光子吸收形成的固化区域呈椭球状，扫描时可以使邻近固化单元沿着扫描轮廓路径方向相切，如图 6.7 所示。相邻两个椭球状固化单元相切形成的凹形区域（图 6.7 的阴影部分），可以通过自由基浓度相互累加后得以部分填充。因此，这种移动扫描方式可以在保证微器件表面质量的同时提高加工效率。

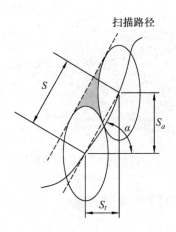

图 6.7   变间距连续扫描示意图

假设聚焦光斑沿扫描轨迹路径以步距 S 进行扫描，S 其实是由横向扫描分量 S_t 和轴向扫描分量 S_a 合成而得，其中 $S_t = S \cdot \cos \alpha$，$S_a = S \cdot \sin \alpha$。根据加工系统的各工艺参数，可以求得固化单元的横向直径 D 和轴向长度 L，由图 6.7 所示的几何关系，可以得到在不同斜率处横向、轴向的扫描分量 S_t，S_a，以及扫描步距 S 的表达式：

$$S_t = \frac{D \cdot L}{\sqrt{L^2 + D^2 \tan^2 \alpha}} \tag{6.17}$$

$$S_a = \frac{D \cdot L}{\sqrt{L^2 \cot^2 \alpha + D^2}} \tag{6.18}$$

$$S = \sqrt{S_t^2 + S_a^2} = D \cdot L \sqrt{\frac{1 + \tan^2 \alpha}{D^2 \tan^2 \alpha + L^2}} \tag{6.19}$$

微器件制备前需要利用软件通过三维实体建模、等高截交离散分割、轮廓及内部实体填充扫描等环节获得激光束扫描轨迹路径[19]。在这个过程中软件可以自动计算出外轮廓不同区域的斜率及角度 α，结合特定实验条件下单个固化单元的横向和轴向尺寸 D 和 L，利用式(6.19)就可以得到所需制备器件的最佳扫描步距,而这个步距能够随着角度的不同发生相应的改变。扫描步距随斜率的变化关系如图 6.8 所示。

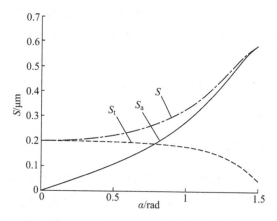

图 6.8　扫描步距与斜率的关系曲线

6.4.2　实验验证

以球形结构的双光子加工进行对比实验,实验条件、加工材料与加工线条时相同,实验结果的扫描电镜照片如图 6.9 所示。图 6.9a 为固定扫描步距 75 nm 条件下得到的小球的照片,图 6.9b 为采用变间距扫描得到的小球的照片。

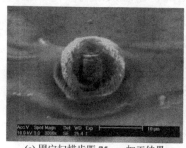
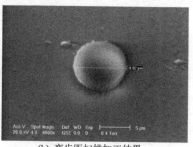

(a) 固定扫描步距 75 nm 加工结果　　　　(b) 变步距扫描加工结果

图 6.9　不同扫描步距下球形结构的加工实验结果

由图 6.9b 可知,从轴向看,采用变间距扫描方式加工得到的小球表面光滑,连接紧密,没有明显的起伏;而采用固定扫描步距方式加工得到的小球(图 6.9a)表面较为粗糙、凹凸不平,有明显的台阶状起伏。为进一步分析横向平面的加工精度,在加工到 $z=4\ \mu m$ 时,使小球沿横向偏离 $2\ \mu m$。从裸露出的内部结构来看,表面凹凸状起伏较大,有比较明显的间隙。实验结果表明,采用连续变步距扫描法进行微加工,能够有效地提高微器件的加工质量。

6.5　本章小结

根据飞秒激光诱发自由基材料产生双光子聚合反应的机理,结合光强分布函数和自由基浓度理论,建立了微加工固化单元覆盖率的数学模型,分析了覆盖率大小对微器件加工质量与加工效率所造成的影响。以直线加工为例,运用曝光等效性原理,得到了微器件表面质量特征参数与扫描步距之间的表达式,并进行了数值模拟和实验。理论研究与实验验证表明,扫描步距在远小于固化单元尺寸的情况下对微器件制备质量的影响较小;随着扫描步距的增大,线条表面呈明显的起伏,表面质量变差。因此,在实际加工中需要根据加工系统的工艺参数和材料特性合理确定扫描步距,在确保加工质量的前提下尽可能提高加工效率。当加工立体工件时,如果采用固定步距扫描会因器件外轮廓斜率的不一致而产生不同程度的膨胀,从而引起器件变形。为解决这一问题,提出了连续可变间距的三维扫描方法,推导出了不同斜率处横向和轴向扫描分量的表达式。在实验中,可以根据外轮廓不同区域的斜率及角度,采用与之相匹配的最佳扫描步距。以球形结构的加工为例进行了对比实验,结果表明,相对于固定步距扫描法,采用连续变步距扫描法进行微加工,能够有效地提高微器件的表面质量。

第七章

结论与展望

7.1 结论

本书以飞秒脉冲激光双光子微器件制备为研究对象,对飞秒激光微加工机理、微加工实验系统等内容进行了详细的介绍,并就通过像差补偿、光斑三维整形、优化扫描步距等措施提高飞秒激光微加工质量开展了一些探索性的工作,主要研究工作及成果如下:

(1)介绍了基于飞秒激光双光子聚合效应的微加工原理和飞秒激光微加工实验系统的组成。对飞秒激光微加工实验系统的曝光控制模块进行了机械和电气改造,扩展了三维扫描平台的运动范围,实现了加工对象的多样化和多轴联动下的空间三维连续扫描。

(2)根据飞秒激光微加工机理,结合光在不同介质中的传播理论,分析了由于空气和被加工材料折射率的不同对加工点光强分布产生的影响,并进行了数值模拟。利用波前像差函数推导出了由于折射率不同引起的像差的表达式,得到了加工深度、物镜数值孔径、加工介质折射率与像差之间的定量关系。建立了基于反向泽尔尼克像差多项式的补偿模型,并以双光子飞秒激光在光致变色材料上进行点加工为例进行了数值模拟。提出了基于开普勒望远镜系统的像差补偿方法并进行了实验验证,分析了补偿效果。理论和实验研究的结果为减小像差、改善加工效果提供了充分的依据。

(3) 基于菲涅尔衍射理论,结合飞秒激光微加工焦点光斑的归一化光强分布函数,对加工点光斑形状进行了仿真。研究了飞秒激光微加工光斑三维整形的机理,在分别对光斑轴向和横向整形技术的理论分析和数值模拟的基础上,得到了基于光通滤波器的光斑三维整形效果的表征参数,提出了一种能够实现三维整形的四环复透过率相位板,运用全局优化算法与遗传算法进行了优化设计和数值模拟。根据优化设计和数值模拟的结论制作了四环复透过率相位板并进行了验证实验。实验结果表明,加入相位板对激光束进行三维整形后,加工点横向和轴向尺寸明显变小,光斑压缩比例与理论计算结果基本吻合。同时介绍了通过引入狭缝光阑、增加柱透镜组和增加预聚焦透镜等三种改善加工点光斑非对称性形状的光束整形技术,对其工作原理及实现方法进行了详细的分析。理论和实验研究的结果为提高飞秒激光微加工的分辨率、改善微器件的加工精度和表面质量打下了基础。

(4) 根据光强分布函数和自由基浓度理论,建立了微加工固化单元覆盖率的数学模型,分析了扫描步距(覆盖率)大小对微器件加工质量与加工效率所造成的影响。以直线加工为例,运用曝光等效性原理,得到了微器件表面质量特征参数与扫描步距之间的表达式,并进行了数值模拟和实验。理论与实验研究结果表明当扫描步距远小于固化单元尺寸时,扫描步距对线条表面质量的影响较小;随着扫描步距的增大,线条表面呈明显的起伏,加工质量变差。提出了一种加工立体工件的连续可变间距三维扫描方法,推导出了不同斜率处横向和轴向扫描分量的表达式,以球形结构的加工为例进行了对比实验。结果表明,相对于固定步距扫描法,采用连续变步距扫描法进行微加工,能够有效提高微器件的表面质量。

7.2　展望

尽管飞秒激光微加工技术发展至今仅有短短二十多年的时间,却受到了越来越多国内外研究人员的关注。目前该技术已经成为激光精密微加工领域中最重要、最前沿的研究方向之一,已展露出重要的应用前景和独特的优势。然而,飞秒激光微加工技术还远未达到成熟的地步,还无法实现大规模的产业化应用。根据目前国际国内最新的研究结果及课题组进行相关研究工作的体会,笔者认为今后的研究重点与发展方向应包含如下几个方面:

(1) 激光与不同特性材料相互作用的物理机制研究。目前对纳米尺度下超快超强激光与物质相互作用的机理还不是十分清楚,飞秒脉冲激光微加工中使用的材料多以光聚合树脂类及玻璃等透明介质材料为主。而从 MEMS、微光子器件等功能性微尺度器件对材料的要求来看,必须寻找和研发新的功能材料,并深入研究激光与不同特性物质相互作用的机理,进而寻找相应的多样化加工方法。

(2) 新加工技术的研究。目前能够实现飞秒激光微加工的加工方法还仅限于激光烧蚀与双/多光子聚合过程等少数几种。还需要根据飞秒激光与不同材料相互作用的机理,根据不同的应用目的,研究相应的加工技术。还需要进一步研究不同激光参数对微加工效率及效果产生的影响,进而系统地建立起飞秒脉冲激光加工的理论与技术。比如,目前微器件制备中常用的激光直写、逐点扫描的加工方法需要较长的加工时间,不能满足快速加工的需要,这是飞秒激光微加工技术无法实现产业化应用的一个重要原因。因此研究并行加工等快速制备技术实现微器件的大规模制备,是飞秒激光微加工技术获得实际应用必不可少的条件。

（3）微纳结构集成系统制备的研究。目前飞秒激光微加工技术的应用主要集中在单元器件的制备,如何能够实现由单元器件制备到具有特定功能的微系统集成的加工,是实现飞秒激光微加工产业化的关键。

参考文献

［1］苑伟政，马炳和. 微机械与微细加工技术［M］. 西安：西北工业大学出版社，2000.

［2］崔铮. 微纳米加工技术及其应用［M］. 北京：高等教育出版社，2005

［3］周焱. 微细加工技术研究进展［J］. 机械工程师，2006，(11)：29 - 31.

［4］Steen W，Laser Material Processing［M］. New York：Springer Verlag，1991.

［5］董贤子，陈卫强，赵震声，等. 飞秒脉冲激光双光子微纳加工技术及其应用［J］. 科学通报，2008，53(1)：2 - 13.

［6］Fernandez A，Phillion D W. Effects of Phase Shifts on Four-beam Interference Patterns.［J］. Appl Opt，1998，37(3)：473 - 478.

［7］Shoji S，Kawata S. Photofabrication of Three-dimensional Photonic Crystals by multibeam Laser Interference into a Photopolymerizable Resin［J］. Appl Phys Lett，2000，76(19)：2668 - 2670.

［8］Shoji S，Zaccaria R P，Sun H B，et al. Multi-step Multi-beam Laser Interference Patterning of Three-dimensional Photonic Lattices［J］. Opt Express，2006，14(6)：2309 - 2316.

［9］Maiman T. Stimulated Optical Radiation in Ruby［J］.

Nature，1960，187(4736):493-494.

[10] 何飞，程亚. 飞秒激光微加工:激光精密加工领域的新前沿[J]. 中国激光，2007，34(5):595-622.

[11] 周炳坤. 激光原理(第六版)[M]. 北京:国防工业出版社，2013.

[12] McClung F J，Hellwarth R W. Giant Optical Pulsations from Ruby[J]. J. Appl. Phys，1962，33(3):828-829.

[13] Gurs K. Beats and Modulation in Optical Ruby Lasers.//Grivet P，Bloembergen N，eds. Quantum Electronics III[M]. New York:Columbia Univ. Press，1964.

[14] Shank C V，Ippen E P. Sub-picosecond Kilowatt Pulses from a Mode-locked Cw dye Laser[J]. Appl. Phys. Lett.，1974，24(8):373-375.

[15] Valdmanis J A，Fork R L. Design Considerations for a Femtosecond Pulse Laser Balancing Self-phase Modulation，Group Velocity Dispersion，Saturable Absorptionand Saturable Gain[J]. IEEE Journal Quantum Electronics，1986，22:112.

[16] Strickland D，Mourou G. Compression of Amplified Chirped Optical Pulses[J]. Opt. Commun.，1985，56(3):219-221.

[17] Spence D E，Kean P N. Sibbett W. 60-fsec Pulse Generation from a Self-mode-locked Ti:Sapphire laser[J]. Opt. Lett.，1991，16(1):42-44.

[18] Jung I D，Kartner F X，Matuschek N，et al. Self-starting 6.5 fs Pulses from a Ti:sapphire Laser[J]. Opt. Lett.，1997，22(13):1009-1011.

[19] Morgner U, Kartner F X, Cho S H, et al. Sub-two Cycle Pulses from a Kerr-lensmode-locked Ti:Sapphire Laser [J]. Opt.Lett., 1999, 24(6):411 - 413.

[20] Kmetec J D, Macklin J J, Young J E. 0.5 TW 125 fs Ti:Sapphire Laser[J]. Opt. Lett., 1991, 16(13):1001 - 1003.

[21] Yamakawa K, Aoyama M, Matsuoka S, et al. Generation of 16 fs 10 TW Pulses at a 10 Hz Repetition Rate with Efficient Ti:Sapphire Amplifiers[J]. Opt. Lett., 1998, 23 (7):525 - 529.

[22] Paul P M, Toma E S, Breger P, et al. Observation of a Train of Attosecond Pulses from High Harmonic Generation[J]. Science, 2001, 292(5522):1689 - 1692.

[23] Agostini P, Dimauro L F. The Physics of Attosecond Light Pulses[J]. Rep. Prog. Phys., 2004, 67(6):813 - 855.

[24] Aoyama M, Ymakawa K, Akahane Y, et al. 0.85 PW, 33 fs Ti:Sapphire Laser[J]. Opt. Lett., 2003, 28(17): 1594 - 1596.

[25] Lee S K, Yu T J, Sung J H, et al. 0.1 Hz 1 PW Ti: Sapphire Laser Facility [J]. AIP Conf. Proc, 2010, 1228: 186 - 189.

[26] Chichkov B N, Momma C, Nolte S, et al. Femtosecond, Picosecond and Nanosecond Laser Ablation of Solids[J]. Appl. Phys. A, 1996, 63(2):109 - 115.

[27] Dumitru G, Romano V, Weber H P, et al. Femtosecond Ablation of Ultrahard Materials[J]. Appl. Phys. A, 2002, 74(6):729 - 739.

[28] Ruf A, Dausinger F. Interaction with Metals [J].

Topics Appl. Phys. 2004, 96:105 - 113.

[29] Kruger J, Kautek W. Ultrashort Pulse Laser Interaction with Dielectrics and Polymers[J]. Adv. Polym. Sci., 2004, 168:247 - 289.

[30] Shimotsuma Y, Hirao K, Kazansky P, et al. Three Dimensional Micro and Nano Fabrication in Transparent Materials by Femtosecond Laser[J]. Jpn. J. Appl. Phys., 2005, 44(7A):4735 - 4748.

[31] Maruo S, Nakamura O, Kawata S. Three-dimensional Microfabrication with Two-photon-absorbed Photopolymerization[J]. Opt. Lett., 1997, 22(2):132 - 134.

[32] Fisette B, Busque F, Degorce J, et al. Three-dimensional Crystallization Inside photosensitive Glasses by Focused Femtosecond Laser[J]. Appl. Phys. Lett., 2006, 88(9):091104.

[33] Pronko P, Dutta S, Squier J, et al. Machining of Sub-micron Holes Using a Femtosecond Laser at 800 nm[J]. Opti. Comm., 1995, 114(1):106 - 110.

[34] Griffith M, Ensz M, Reckaway D. Femtosecond Laser Machining of Steel[C], 2003.

[35] Kamlage G, Bauer T, Ostendorf A, et al. Deep Drilling of Metals by Femtosecond Laser-Pulses[J]. Appl. Phys. A, 2003, 77(2):307 - 310.

[36] Chan J, Huser T, Risbud S, et al. Modification of the Fused Silica Glass Network Associated with Waveguide Fabrication Using Femtosecond Laser Pulses[J]. Appl. Phys. A, 2003, 76(3):367 - 372.

[37] Bado P. Micromaching: Ultrafast Pulses Create Waveguides and Microchannels[J]. Laser Focus World, 2000, 4(1):192-196.

[38] Streltsov A, Borrelli N. Fabrication and Analysis of a Directional Coupler Written in Glass by Nanojoule Femtosecond Laser Pulses[J]. Opt. Lett., 2001, 26(1):42-44.

[39] Watanabe W, Note Y, Itoh K. Fabrication of Multimode Interference Waveguides in Glass by Use of a Femtosecond Laser[J]. Opt. Lett., 2005, 30(21):2888-2890.

[40] Okhrimchuk A G, Shestakov A V, Khrushchev I, et al. Depressed Cladding, Buried Waveguide Laser Formed in a YAG:Nd3+ Crystal by Femtosecond Laser Writing[J]. Opt. Lett., 2005, 30(17):2248-2250.

[41] 虞宙, 张文杰, 胡俊. 皮秒激光对医用钛合金植入物表面微加工及生物相容性的研究[J].中国激光, 2017 44(1):1-6.

[42] Kondo Y, Nouchi K, Mitsuyu T. Fabrication of Long-period Fiber Grating by Focused Irradiation of Infrared Femtosecond Laser Pulses[J]. Opt. Lett., 1999, 24(10):646-648.

[43] Fertein E, Przygodzki C, Delbarre H. Refractive-insex Changes of Standard Telecommunication Fiber Through Exposure to Femtosecond Laser Pulse at 810 nm[J]. Appl. Opt., 2001, pp. 3506-3508.

[44] Stephen J M, Dan G, Huimin D, et al. Femtosecond IR Laser Fabrication of Bragg Gratings in Photonic Crystal Fibers and Tapers[J]. IEEE Photonics Technology Letters,

2006，18(17):1837 - 1839.

[45] Nishiyama H, Nishii J, Mizoshiri M, et al. Microlens Arrays of High-refractive-index Glass Fabricated by Femto-second Laser Lithography[J]. Applied Surface Science, 2009 255:9750 - 9753.

[46] Cheng Y, Tsail H L, Sugioka K, et al. Fabrication of 3D Microoptical Lenses in Photosensitive Glass Using Femtosecond Laser Micromachining[J]. Appl. Phys. A, 2006, (255):11 - 14.

[47] Pecholt B, Vendan M, Dong Y Y, et al. Ultrafast Laser Micro Machining of 3 C-SiC Thin Films for MEMS Device Fabrication[J]. Int. J. Adv. Manuf. technol., 2008, (39):239 - 250.

[48] Goeppert M M. Uber Elementarakte Mitzwei Quantensprungen[J]. Ann Phys., 1931, 9(1):273 - 294.

[49] Parthenopoulos D A, Rentzepis P M. Three-dimensional Optical Storage Memory[J]. Science, 1989, 245 (4920):843.

[50] Strickler J, Webb W. Three-dimensional Optical Data Storage in Refractive Media by Two-photon Point Excitation[J]. Opt. Lett., 1991, 16(22):1780 - 1782.

[51] Maruo S, Nakamura O, Kawata S. Three-dimensional Microfabricationwith Two-photon-absorbed Photopolymerization[J]. Opt. Lett., 1997, 22:132 - 134.

[52] Kawata S, Sun H B, Tanaka T, et al. Finer Features for Functional Microdevices-Micromachines can be created with higher resolution using two-photon absorption[J]. Nature,

2001，412(6848):697 - 698.

[53] Chichkov B N，Fadeeve E，Koch J，et al. Femtosecond Laser Lithography and Applications[J]. Proc. of SPIE: Photon Processing in Microelectronics and Photonics V，2006，61012.1 - 610192.8.

[54] Koch J，Fadeeva E，Ostendorf A，et al. Toward Femtosecond Laser Lithography[J]. Proc. of SPIE，2006，6195 (F):1 - 4.

[55] Hon K K B，Li L，Hutchings I M. Direct Writing Technology-advances and Developments [J]. CIRP Annals Manufacturing Technology，2006，57(2):1 - 20

[56] 姜涛，杨宏青，樊喜刚，等. 飞秒激光加工微结构及其系统研究进展[J]. 制造技术与机床，2014，(5):43 - 51.

[57] Maruo S，Ikuta K，Korogi H. Submicron Manipulation Tools Driven by Light in a Liquid[J]. App. Phys. Lett.，2003，82(1):133 - 135.

[58] Galajda P，Ormos P. Complex Micromachines Produced and Driven by Light[J]. Appl. Phys. Lett.，2001，78 (2):249 - 251.

[59] Wu P W，Cheng W，Martini I B，et al. Two-photon Photographic Production of Three-dimensional Metallic Structures within a Dielectric Matrix[J]. Adv. Mater.，2000，12(19):1438 - 1441.

[60] Watanabe M，Juodkazis S，Sun H B，et al. Two-photon Readout of Three-dimensional Memory in Silica[J]. Appl. Phys. Lett.，2000,77:13 - 15.

[61] Yamasaki K，Juodkazis S，Watanabe M，et al.

Recording by Microexplosion and Two-photon Reading of Three-dimensional Optical Memory in Polymethylmethacrylate Films[J]. Appl. Phys. Lett., 2000, 76(8):1000 - 1002.

[62] Kirkpatrick S M, Baur J W, Clark C M, et al. Holographic Recording Using Two-photon-induced Photopolymerization[J]. Appl. Phys. A-Mater Sci. Process, 1999, 69(4):461 - 464.

[63] 蒋中伟，袁大军，祝安定，等. 双光子三维微细加工技术及实验系统的开发[J]. 光学精密工程，2003，(3):234.

[64] 邢卉，唐火红，徐敏，等. 光致变色和光致漂白材料的飞秒激光写/读实验研究[J]. 中国科学技术大学学报，2007，37(7):742 - 747.

[65] Guo R, Xiao S Z, Zhai X M, et al. Micro Lens Fabrication by Means of Femtosecond Two Photon Photopolymerization[J]. Opt. Exp., 2006, 14(2):810 - 816.

[66] Yang L, Li J W, Hu Y L, et al. Projection Two-photon Polymerization Using a Spatial Light Modulator[J]. Optics Communications, 2014, 331(2):82 - 86.

[67] Li G, Li J, Zhang C, et al. Large-area One-step Assembly of 3-dimensional Porous Metal Micro/nanocages by Ethanol-assisted Femtosecond Laser Irradiation for Enhanced Antireflection and Hydrophobicity [J]. ACSAppl. Mater. Interfaces. 2015, 7(1):383 - 390.

[68] Ji H Z, Qi D C, Zhao G C, et al. Enhancement of Second-harmonic Generation from Silicon Strip Under External Cylindrical Strain[J]. Opt. Lett., 2009, 34:3340 - 3342.

[69] Xue P Z, Jin F K, Ying X X, et al. Unidirectional

Lasing from a Spiral-shaped Microcavity of Dye-doped Polymers Fabricated by Femtosecond Laser Direct Writing[J]. IEEE Photon. Technol. Lett. 2015, 27:311.

[70] Tong J, Qi D C, Jun Z, et al. Monolithic Bifocal Zone-plate Lenses for Confocal Collimation of Laser Diodes[J]. Opt. Lett., 2013, 38:3739.

[71] Li G N, Dian W, Tong J, et al. High Fill-factor Multilevel Fresnel Zone Plate Arrays by Femtosecond Laser Direct Writing[J]. Optics Communications, 2011, 284:777.

[72] Lin X F, Qi D C, Li G N, et al. Mask-free Production of Integratable Monolithic Micro Logarithmic Axicon Lenses[J]. Journal of Lightwave Technolog, 2010, 28 (8):1256-1260.

[73] 董贤子, 段宣明. 双光子三维微结构快速制备技术[J]. 光学精密工程, 2007, 15(4):441-446.

[74] Dong X Z, Zhao Z S, Duan X M. Micronanofabrication of Assembled Three-dimensional Microstructures by Designable Multiple Beams Multiphoton Processing[J]. Appl. Phys. Lett., 2007, 91(12):124103.

[75] Duan X M, Sun H B, Kaneko K, et al. Two-photon Polymerization of Metalions Doped Acrylate Monomers and Oligomers for Three-dimensional Structure Fabrication [J]. Thin Solid Films, 2004, 453:518-521.

[76] Ji X, Jiang L, Li X W, et al. Polarization-dependent Elliptical Crater Morphologies Formed on a Silicon Surface by Single-shot Femtosecond Laser[J]. Applied Optics, 2014, 53 (29):6742-6748.

[77] Wang C, Jiang L, Wang F, et al. First-principles Calculations of the Electron Dynamics During Femtosecond Laser Pulse Train Material Interactions[J], Phys. Lett. A, 2011, 375(36):3200 - 3204.

[78] Yuan L, Huang J, Lan X W, et al. All-in-fiber Optofluidic Sensor Fabricated by Femtosecond Laser Assisted Chemical Etching[J]. Opt. Lett., 2014, 39(8):2358 - 2361.

[79] Mevel E, Breger P, Trainham R, et al. Atoms in Strong Optical Fields: Evolution form Multiphoton to Tunnel Ionization[J]. Phys. Rev. Lett., 1993, 70:406 - 409.

[80] Ruf A, Dausinger F. Interaction with Metals[J]. Topics Appl. Phys., 2004, 96:105 - 113.

[81] Chichkov B N, Momma C, Nolte S, et al. Femtosecond, Picosecond and Nanosecond Iaser Ablation of Solids[J]. Appl. Phys. A: Materials Science &. Processing, 1996, 63(2):109 - 115.

[82] Goeppert M M. Uber Elementarakte Mitzwei Quantensprungen[J]. Ann Phys., 1931, 9(1):273 - 294.

[83] Kaiser W, Garrett C G B. Two-photon Excitation in $CaF2:Eu^{2+}$[J]. Phys. Rev. Lett., 1961, (7):229 - 231.

[84] 吴强, 郭光灿. 光学[M]. 合肥: 中国科学技术大学出版社, 2003.

[85] 郭锐. 飞秒激光微纳加工系统及功能器件工艺研究[D]. 合肥: 中国科学技术大学, 2008.

[86] 陈利菊. 二芳基乙烯光致变色和光致各向异性及其应用研究[D]. 西安: 中国科学院研究生院(西安光学精密机械研究所), 2010.

[87] Denk W, Striekler J H, Webb W W. Two-photon Laser Scanning Fluorenscence Microscopy[J]. Science, 1990, 248:73 - 76.

[88] 马兴孝, 孔繁敖. 激光化学[M]. 合肥: 中国科学技术大学出版社. 1990.

[89] Sun H B, Kawata S. Two-photon Laser Precision Microfabrication and Its Applications to Micro-nano Devices and Systems[J]. Journal of Lightwave Technology, 2003, 21 (3):624 - 633.

[90] Tan D F, Li Y, Qi F J, et al. Reduction in Feature Size of Two-photon Polymerization Using SCR500[J]. Appl. Phys. Lett., 2007,90(7):71106.

[91] Liao C Y, Bouriauand M, Baldeck P L, et al. Two-dimensional Slicing Method to Speed Up the Fabrication of Micro-objects Based on Two-photon Polymerization[J]. Appl. Phys. Lett., 2007, 91:033108.

[92] 郭锐, 肖诗洲, 刘剑锋, 等. 双光子三维微细加工重复率对表面形貌的影响[J]. 中国科学技术大学学报, 2008, 39 (5):554 - 557.

[93] Guo R, Li Z Y, Jiang Z W, et al. Log-Pile Photonic Crystal Fabricated by Two-photon Photopolymerization[J]. J. Opt. A: pure Appl. Opt., 2005, (7):396 - 399.

[94] Schafer K J, Hales J M, Balu M., et al. Two-photon absorption cross-sections of common photoinitiators[J]. J. Photochem Photobiol A-Chem., 2004, 162(2 - 3):497 - 502.

[95] Kuebler S M, Braun K L, Zhou W H, et al. Design and Application of High-sensitivity Two-photon Initiators for

Three-dimensional Microfabrication[J]. J Photochem Photobiol A-Chem., 2003, 158(2 - 3):163 - 170.

[96] 蔡建文，沈兆龙，江兵，等. 基于 DVD 光头的双光子光致漂白三维光存储[J]. 光学学报，2005,25(10):1401 - 1405.

[97] Maruo S, Nakamura O, Kawata S, Three-dimensional Microfabrication with Two-photon-absorbed Photopolymerization [J]. Opt. Lett., 1997, 22(2):132 - 134.

[98] 陈小亮，任乃飞，王群. 飞秒激光双光子聚合三维微细加工技术及系统研发[J]. 机械制造，2006，44(498):27 - 30.

[99] Torok P, Varga P, Laczik Z, et al. Electromagnetic Diffraction of Light Focused Through a Planar Interface Between Materials of Mismatched Refractive Indices: an Integral Representation[J]. J. Opt. Soc. Am. A, 1995, 12(2):325 - 332.

[100] 潘雪涛，屠大维，蔡建文. 激光微加工中产生的像差分析及补偿方法[J]. 机械工程学报，2014，50(5):147 - 151.

[101] Born M, Wolf E., Principles of Optics[M]. Sixth Ed. Oxford: Pergamon Press, 1980.

[102] Welford W T. Aberrations of Optical Systems[M]. Bristol: Adam Hilger Ltd,1986.

[103] 蔡建文，程晔增，沈兆龙，等. 折射率失配对双光子三维光存储中像差的影响[J].光学学报，2006，26(3): 443 - 446.

[104] Neil M A A, Juskaitis R, Booth M J, et al. Adaptive Aberration Correction in a Two-photon Microscope [J]. Journal of Microscopy, 2000，200(2): 105.

[105] Colin J R S, Min G, Keith B, et al. Influence of

Spherical Aberration on Axial Imaging of confocal Reflection microscopy[J]. Applied Optics, 1994, 33(4): 616.

[106] Robert J N. Zernike Polynomials and Atmospheric Turbulence[J]. J.Opt.Soc.Am, 1976, 66(3): 207 – 211.

[107] Gu M, Sheppard C J R. Comparison of Three-dimensional Imaging Properties Between Two-photon and Single-photon Fluorescence Microscopy [J]. Journal of Microscopy, 1995, 177(2): 128 – 137.

[108] Daniel D, Min G. Effects of Refractive-index Mismatch on Three-dimensional Optical Data-storage Density in a Two-photon Bleaching Polymer[J]. Applied Optics, 1998, 37(26): 6299.

[109] Somakanthan S, Karsten D, Mathias H, et al. Effective Spherical Aberration Compensation by Use of a Nematic Liquid-crystal Device[J]. Applied Optics, 2004, 43 (13): 2722.

[110] Tom D M, Robert S U, Hui L. Objective Lens Design for Multiple-layer Optical Data Storage[J]. Opt. Eng., 1999, 38(2): 295.

[111] 潘雪涛, 屠大维, 蔡建文. 光致漂白材料的激光三维信息高密度存储[J]. 红外与激光工程, 2013, 42(12): 3249 – 3253.

[112] 蔡建文, 潘雪涛. 飞秒激光微加工中轴向超分辨相位板的设计及仿真[J]. 应用光学, 2014, 35(5):908 – 911.

[113] Toraldo G F. Super-gain Antennas and Optical Resolving Power[J]. NuovoCimento Suppl., 1953, (9): 426 – 435.

[114] Cheng Y, Sugioka K, Midorikawa K. Control of the Cross-sectional Shape of a Hollow Microchannel Embedded in Photostructurable Glass by Use of a Femtosecond laser[J]. Opt. Lett., 2003, 28: 55 – 57.

[115] Ams M, Marshall G D, Spence D J, et al. Slit Beam Shaping Method for Femtosecond Laser Direct-write Fabrication of Symmetric Waveguides in Bulk Glasses[J]. Opt. Express. 2005, 13: 5676 – 5681.

[116] Cerullo G, Osellame R, Taccheo S, et al. Femtosecond Micromachining of Symmetric Waveguides at 1.5 mm by Astigmatic Beam Focusing[J]. Opt. Lett. 2002, 27: 1938 – 1940.

[117] Sheppard C J R. Synthesis of Filters for Specified Axial Properties[J]. J. Mod. Optics. 1996, 43: 525 – 536.

[118] Sales T R M, Morris G M. Fundamental Limits of Optical Superresolution[J]. Opt. Lett. 1997, 22(9): 582 – 584.

[119] Xuetao P, Dawei T, Jianwen C. Mechanism and Experimental Study on Three-dimensional Facula shaping in Femtosecond Laser Micromachining[J]. Opt. Eng., 2015, 54 (10): 105111(1 – 9).

[120] 蔡建文, 潘雪涛, 张美凤, 等. 飞秒激光微加工中光斑横向超分辨研究[J]. 红外与激光工程, 2015, 44(6): 1790 – 1793.

[121] Emily W. Progress in Optics [M]. Amsterdam: Elsevier. 2006.

[122] Higgins M D, Green R J, Leeson M S. A Genetic Algorithm Method for Optical Wireless Channel Control[J]. J.

Lightwave Technol., 2009, 27(6): 760 - 772.

[123] Zheng R F, Yang G L, Xie H Y. Optimization Scheme for Synthesizing Kinoform with Genetic Algorithm[J]. Opt. Eng. 2011, 50(9): 097004.

[124] Gu J. Global Optimization for Satisfiability (SAT) Problem[J]. IEEE Trans. Knowl. Data Eng. 1994, 6(3): 361 - 381.

[125] Will M, Nolte S, Chichkov B N. Optical Properties of Waveguides Fabricated Infused Silica by Femtosecond Laser Pulses[J]. Appl. Opt., 2002, 41: 4360 - 4364.

[126] Saliminia A, Nguyen N T, Nadeau M C. Writing Optical Waveguides in Fused Silica Using 1 KHz Femtosecond Infrared Pulses[J]. Appl. Phys., 2003, 93: 3724 - 3728.

[127] Roberto O, Stefano T, Marco M, et al. Femtosecond Writing of Active Optical Waveguides with Astigmatically Shaped Beams[J]. J. Opt. Soc. Am. B, 2003, 20(7): 3205 - 3215.

[128] 吕百达. 激光光学——激光束的传输变换和光束质量控制[M]. 成都:四川大学出版社,1992.

[129] 蔡建文,孟飞,潘雪涛,等. 三维光存储中光束轴向整形研究[J]. 激光杂志,2011,32(5): 25 - 26.

[130] 郭福全,胡治元,付新建,等. 新型双光子引发剂光聚合行为及微器件制备[J]. 中国激光,2009,36(6): 1528 - 1534.

[131] Sun H B, Takada K, Kawata S, et al. Elastic Force Analysis of Functional Polymer Submicron Oscillators [J]. Appl. Phys. Lett. 2001, 79(19): 3173 - 3175.

［132］Shin W Y, Seong K L, Hong J K. Three-dimensional Microfabrication Using Two-photon Absorption by Femtosecond Laser［J］. Proc. of SP1E, 2004, 5342: 137－145.

［133］蒋中伟，袁大军，黄文浩，等. 双光子三维微细加工重要工艺参数的实验研究［J］.微细加工技术，2003，（2）:60－63.

［134］Hunziker M, Leyden R. Basic Polymer Chemistry// Jacobs P F. Rapid Prototyping and Manufacturing: Fundamentals of Stereolithography ［M］. Dearborn, MI: SME, 1992.

［135］Park S H, Lee S H, Yang D Y. Subregional Slicing Method to Increase Three-dimensional Nanofabrication Efficiency in Two-photon Polymerization ［J］. Appl. Phys. Lett., 2005, 87: 154108.